料桶

饮水器

彩图6　饲养用具

彩图7　金定鸭

彩图8　樱桃谷鸭

彩图9　番鸭

彩图10　半番鸭

彩图11　沿鸭舍内墙放置的产蛋箱

彩图12　轮胎改制的产蛋箱

彩图 13　噪鸭，增加运动量

彩图 14　育雏设备

彩图 15　网上育雏

彩图 16　下水与放牧

彩图 17　肉鸭网上平养

彩图 18　肉鸭地面垫料饲养

彩图 19 鸭坦布苏病毒病
（卵泡出血）

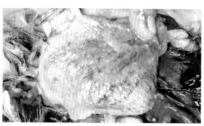

彩图 20 鸭坦布苏病毒病
（输卵管黏膜出血）

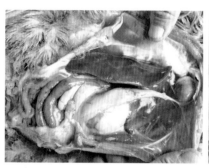

彩图 21 鸭坦布苏病毒病
（肝脏肿大）

彩图 22 鸭坦布苏病毒病（脾脏肿大，
呈斑驳状或大理石样）

彩图 23 鸭坦布苏病毒病
（心内膜出血）

彩图 24 鸭坦布苏病毒病（肠道
内容物呈污绿色或黑色）

彩图 25 鸭呼肠孤病毒病（脾脏坏死）

彩图 26 鸭大肠杆菌病　　　　彩图 27 鸭传染性浆膜炎（纤维
　（卵黄性腹膜炎）　　　　　　　素性肝周炎、心包炎）

彩图 28 鸭沙门菌病（盲肠栓子）

彩图 29 鸭运动场种树遮阴

专家帮你
提高效益
★ ★ ★

怎样提高
鸭养殖效益

王艳丰　编著

机械工业出版社

本书以提高养鸭经济效益为核心，从我国养鸭业现状、存在的问题及发展趋势入手，围绕鸭生物学特性、市场规律、选种引种、饲料使用、种鸭饲养、雏鸭培育、安全生产、鸭病防治、环境调控、经营管理等，向细节、理念、良种、成本、繁殖、成活、品质、防控、健康、环境及管理要效益，各部分内容均以鸭场生产经营中的认识误区和存在的问题为切入点，阐述提高养鸭经济效益的主要途径。本书内容图表文有机结合，力求浅显易懂，技术知识简单明了，突出可操作性、应用性和针对性；对于技术操作要点、饲养管理窍门及在养殖中容易出现的误区等，设有专门的"提示""小经验"等小栏目，利于养殖者快速上手，少走弯路。

本书可供规模化鸭场员工、专业养鸭户、饲料及兽药企业技术员、初养鸭者等使用，也可供鸭业科技工作者、农业院校的师生阅读和参考。

图书在版编目（CIP）数据

怎样提高鸭养殖效益/王艳丰编著. —北京：机械工业出版社，2021.3（2021.8 重印）

（专家帮你提高效益）

ISBN 978-7-111-67166-4

Ⅰ.①怎… Ⅱ.①王… Ⅲ.①鸭－饲养管理 Ⅳ.①S834.4

中国版本图书馆 CIP 数据核字（2020）第 268656 号

机械工业出版社（北京市百万庄大街22号　邮政编码100037）
策划编辑：周晓伟　高　伟　责任编辑：周晓伟　高　伟
责任校对：赵　燕　　　　责任印制：郜　敏
北京中兴印刷有限公司印刷
2021 年 8 月第 1 版第 2 次印刷
145mm×210mm·6.75 印张·2 插页·219 千字
1901—3800 册
标准书号：ISBN 978-7-111-67166-4
定价：29.80 元

电话服务　　　　　　　　网络服务
客服电话：010-88361066　机 工 官 网：www.cmpbook.com
　　　　　010-88379833　机 工 官 博：weibo.com/cmp1952
　　　　　010-68326294　金 书 网：www.golden-book.com
封底无防伪标均为盗版　机工教育服务网：www.cmpedu.com

前 言 / PREFACE

　　我国是世界上养鸭数量最多的国家，养殖量占全球的 74.3%。2019年，我国肉鸭、蛋鸭产业的产值均呈增加态势：商品肉鸭出栏 42.68 亿只，较 2018 年增长 31.87%；肉鸭总产值 1357.24 亿元，较 2018 年上升 57.13%；鸭蛋产量为 309.34 万吨，较 2018 年增加 2.43 万吨；蛋鸭存栏 1.87 亿只，占全球蛋鸭存栏量的 90% 以上。但目前我国养鸭生产经营中仍然存在诸多问题，如鸭的品种不能满足现代产业化生产的需要，疫病问题突出，养殖技术水平低下，饲料与营养不够科学，产品深加工技术滞后，产品质量安全标准和质量监控体系有待加强等，从而影响鸭养殖经济效益。因此，提高养鸭标准化、规模化水平，降低疫病发生风险，提高鸭产品品质，规范经营管理，提高鸭养殖效益尤为重要。基于此，编著者以养鸭过程中的认识误区和存在的问题为切入点编写了本书。

　　本书以提高养鸭经济效益为核心，立足于我国养鸭业现状、存在的问题及发展趋势，围绕鸭的生物学特性、市场规律、选种引种、饲料使用、种鸭饲养、雏鸭培育、安全生产、鸭病防治、环境调控、经营管理等，向细节、理念、良种、成本、繁殖、成活、品质、防控、健康、环境及管理要效益，各部分内容均以鸭场生产经营中的认识误区和存在的问题为切入点，阐述提高养鸭经济效益的主要途径。同时，本书还介绍了目前国内新型养鸭模式和典型案例，供养鸭户参考。本书内容图表文有机结合，力求通俗易懂，技术阐述简单明了，突出可操作性、应用性和针对性；对于技术操作要点、饲养管理窍门及在养殖中容易出现的误区等，设有专门的"提示""小经验""小知识""注意"等小栏目，利于养殖者快速上手，少走弯路。

需要特别说明的是，本书所用药物及其使用剂量仅供读者参考，不可照搬。在生产实际中，所用药物通用名与商品名有差异，药物规格含量也有所不同，建议读者在使用每一种药物之前，参阅厂家提供的产品说明以确认药物用量、用药方法、用药时间及禁忌等。购买兽药时，执业兽医师有责任根据经验和对患病动物的了解决定用药量及选择最佳治疗方案。出版社和作者对在治疗中所发生的对患病动物或财产造成的伤害不承担责任。

本书由河南农业职业学院牧业工程学院王艳丰编著，在编著过程中得到许多同仁的关心和支持，特别感谢吕通、张军辉、刘书文、郑新功、郭振华等同志在收集图片过程中给予的无私帮助。书中参考了一些专家学者的研究成果和相关书刊资料，由于篇幅所限，未将参考文献一一列出，在此一并表示感谢。由于编著者的水平有限，书中错误与不足之处在所难免，诚请同行及广大读者予以批评指正。

王艳丰

目 录 / CONTENTS

前言

第一章
利用鸭的特性，向生产要效益

第一节　了解我国养鸭业现状、存在的问题及发展趋势

一、发展现状

1. 鸭的品种资源丰富

我国是世界上水禽遗传资源最丰富的国家之一。据第二次全国畜禽遗传资源调查，我国地方鸭品种有 32 个，肉鸭、蛋鸭、肉蛋兼用型鸭品种资源齐全，番鸭有黑羽、白羽和花羽，以及大、中、小各种类型。通过科技人员的长期培育及近年来的不断引进，目前我国拥有许多国内外优良品种（表 1-1），其中北京鸭是世界最著名的肉鸭品种，被国内外肉鸭育种公司作为育种素材，许多肉鸭培育品种（如樱桃谷鸭、枫叶鸭及天府肉鸭等）皆与北京鸭有血缘关系。

表 1-1　我国鸭的品种类型及常见品种

品种类型	常见品种
蛋用型	绍兴鸭及其配套系（如江南一号、江南二号、青壳一号、青壳二号等）、金定鸭、莆田黑鸭、攸县麻鸭、连城白鸭、龙岩麻鸭、缙云麻鸭、恩施麻鸭等
兼用型	高邮鸭、建昌鸭、巢湖鸭、桂西鸭等
肉用型	北京鸭、樱桃谷鸭、狄高鸭、番鸭、天府肉鸭等

2. 产量居世界首位

我国是世界上养鸭数量最多的国家，2019 年商品肉鸭出栏 42.68 亿只，较 2018 年增长 31.87%；肉鸭总产值 1357.24 亿元，较 2018 年上升 57.13%；蛋鸭存栏 1.87 亿只，鸭蛋产量为 309.34 万吨，较 2018 年增加

2.43万吨；蛋鸭存栏1.87亿只，占全球蛋鸭存栏量的90%以上。

3. 饲养方式多元化

目前，我国养鸭业逐步由传统的散养方式向规模化、集约化、专业化方向发展，由落后向现代化饲养方式转变，从而使鸭的生产性能得到充分发挥。目前，养鸭业有笼养、垫料平养、大棚养殖（图1-1）及放牧饲养等多种养殖模式，从卫生防疫到环境保护等各个养殖环节均能做到科学化、合理化，实现经济、社会及生态效益协同提升。

图1-1 蛋鸭大棚养殖

4. 养殖区域化格局明显

我国的养鸭区域主要分布在长江中下游、东南沿海各省及华北等省市。该区域江河纵横、湖泊众多，水生动植物资源丰富，有利于养鸭业发展。据统计，山东、浙江、江苏、广东、四川、安徽、湖南、湖北、江西、重庆、福建、河南、广西的鸭养殖量占全国的90%以上。

5. 产业化程度明显提升

近年来，全国许多地区先后涌现出一批实力强、辐射范围广、带动能力大、具有较强生命力和竞争力的龙头企业，如山东六和、河南华英、内蒙古塞飞亚等。这些龙头企业大都形成了产、加、销的完整产业链条，对于推动我国肉鸭的产业化进程起到了积极的促进作用。同时，龙头企业的辐射带动作用，有效带动了区域经济的快速发展，对调整农业产业结构、促进农民增收具有重要意义。

二、存在的问题

1. 鸭的品种不能满足现代产业化生产的需要

目前，我国缺乏有国际竞争力的标志性鸭品种，瘦肉型肉鸭品种主要从国外引进，占国内同类肉鸭品种市场份额的75%以上；育种技术相对落后，关键育种技术未能取得突破，育种效率低；品种更新满足不了区域性多元化市场的需求。地方肉鸭品种饲料转化率较低，如北京鸭系列品种30日龄时体重可达到2~2.3千克，但胸肉仅有20克左右，胸肉率约2.5%，远不能满足市场需求；蛋种鸭场的鸭品种来源多样，一般对种鸭不进行系统选育，鸭群自繁自养，近亲繁殖，鸭群整齐度低，体形外貌、生产性能各异。

2. 疫病问题仍旧突出

鸭场老病不断，如鸭瘟、病毒性肝炎、传染性浆膜炎、大肠杆菌病、沙门菌病等仍在流行，而新病又不断出现，如鸭星状病毒病、坦布苏病毒病、圆环病毒病、大舌病等。有些疾病由过去只感染不发病发展为感染即可发病，如鸭副黏病毒病，再加上病原不断变异，使得养鸭生产的疾病防控工作形势更加严峻。在鸭病快速诊断检测技术方面，研究进展也明显滞后，缺乏适合基层使用的快速诊断技术，用于疫病预防的疫苗少，且效果有待进一步提高。目前，只有禽流感、鸭瘟、鸭坦布苏病毒病、鸭病毒性肝炎、传染性浆膜炎等病的疫苗已商品化。

3. 养殖技术水平低

目前，养鸭模式虽有集约化养殖与分散养殖两种，但分散养殖仍占较大比例，机械化、标准化、规模化程度低。蛋鸭主要采用水域放牧饲养或半放牧饲养，集约化程度低，易对周边水域造成严重污染。肉鸭主要采用大棚养殖，养殖设备设施落后，饲养环境脏、乱、差，饲养密度大，饲料转化率低，疫病频发。

4. 饲料营养不科学

目前，国内外缺乏对鸭的生理生化、营养、饲养及饲料配制技术的系统研究，我国仅有肉鸭饲养标准，蛋鸭饲养标准尚未制定。饲料生产多根据经验或参考美国标准，缺乏规范性、科学性，从而造成饲料浪费，影响鸭的生产性能，降低养殖效益，制约产业的发展。

5. 产品深加工技术滞后

从事板鸭、酱鸭、蛋品加工生产的私人作坊较多，日常生活中鸭的熟食制品大多数由家庭作坊和小企业生产，手工操作。国内鸭加工企业数量虽多，但大多数企业投资规模偏小，资本实力不足，技术力量不强，工业化程度低，加工产品类同，对产业发展的贡献度不高。

6. 产品质量安全标准和质量监控体系有待加强

我国传统水禽肉、蛋制品种类繁多，但产品质量标准和质量控制体

系依据不强，导致产品质量参差不齐，不但影响产品形象，更危害消费者健康。一些企业对原料进行质量检验时主要检验外形，部分企业只对终端产品进行安全检验，只有极少数企业对产品从原料收购、加工、包装、运输、流通到销售进行全程质量监控。

【提示】

　　资金、技术、疾病、市场等是影响养鸭业发展的重要因素，只有提升养殖的标准化、规模化水平，延伸产业链，才能促进养鸭业持续健康发展。

三、发展趋势

1. 产业布局呈现"东退西进"与"北向南移"

从区域布局来看，养鸭业主要分布在华中、华北、华南、东北、西南、华东6大区域，其中华东地区的产值和产量均居全国第一，其次是华中和华南。但近年来，由于受环保压力影响，东部地区大量关停中小规模养殖场，养殖企业逐渐向西部地区转移，呈现"东退西进"的趋势。同时，随着养鸭技术的不断革新，资源优势对养鸭企业的重要性逐渐下降，并逐步被资本与技术优势所取代，导致南方养殖规模快速扩大，呈现"北向南移"的趋势。

2. 养殖模式趋向生态化，产业发展与资源环境协调发展

在产业发展与资源环境矛盾日趋尖锐的背景下，生态化已成为养鸭业发展的大趋势。养鸭业应把绿色发展、循环发展、低碳发展作为行业发展的重要方向，创新养鸭产业循环经济、生态养鸭发展模式和现代"育养加"生态养鸭新模式，实现产业发展与资源环境协调发展。

3. 养鸭生产经营管理信息化、智能化水平不断提高

在养鸭生产经营管理的实践中，互联网技术、信息技术的应用使得养鸭产业信息化、智能化水平不断提高，不仅能有效降低生产成本，还有助于增加产品的市场认可度和信誉度。因此，生产经营管理信息化、智能化已成为养鸭业发展的大趋势。未来，运用互联网、大数据、人工智能等现代技术，推动生产、管理和营销模式变革，实现从用户需求端到产品供给端全链条的智慧化，构建"互联网＋鸭产业"公共服务平台，提升养鸭业生产智能化水平，促进信息化与养鸭业的有效对接将成为大势所趋。

4. 消费渠道转型升级，消费者对产品质量安全更加关注

"互联网＋鸭产业"、农产品电子商务等新业态的出现，实现了互联

网与养鸭业的深度融合。鸭产品网上交易、直接配送，使生产厂家与消费者直接对接，减少了产品营销的中间环节，降低了交易成本，拓宽了销售渠道和范围，增强了养鸭企业和产业的市场竞争力，因此，产品销售电子商务化已成为养鸭业发展的一种趋势。

【注意】

　　养殖场粪污问题不可忽视，已成为制约我国畜牧业可持续发展的瓶颈，养鸭生产者应从场舍布局、饲养过程、粪污利用与处理等方面着手。

第二节　熟悉鸭的生物学特性和生活习性

一、鸭的生物学特性

1. 早熟

　　麻鸭性成熟期为 16 ~ 17 周龄，金定鸭为 13 周龄，绍兴鸭 14 周龄即可产蛋。

2. 繁殖力强

　　不同生产类型的鸭繁殖性能见表 1-2。

表 1-2　不同生产类型的鸭繁殖性能

品 种 类 型	蛋用型	肉用型	兼用型
年产蛋/枚	280 ~ 300	140 ~ 160	160 ~ 180
年产鸭苗/只	170 ~ 180	84 ~ 121	99 ~ 108

注：以种蛋受精率、孵化率各为 80%，育雏率为 95% 计算。

3. 生长快

　　不同品种肉鸭的生长速度见表 1-3。

表 1-3　不同品种肉鸭的生长速度

品 种 名 称	日龄/天	体重/千克	品种名称	日龄/天	体重/千克
超 M 型樱桃谷鸭	42	3	天府肉鸭	49	3.0 ~ 3.2
北京鸭	56	3	枫叶鸭	42	3.75
狄高鸭	56	3.5	奥白星鸭	56	4.04

4. 补偿生长能力较强

樱桃谷鸭 4 周龄以前可耐受较低能量与蛋白水平的饲养,增重稍慢,但后期在正常营养水平日粮饲喂下,前期被耽误的增重可在生长后期获得补偿,最终达到标准体重。此特性在节省蛋白质资源、降低饲养成本方面具有重要意义。

二、鸭的生活习性

1. 喜水性

鸭喜欢在水中觅食、嬉戏和求偶交配(图 1-2、彩图 1),其尾脂腺发达,可以分泌含脂肪、卵磷脂、高级醇的油脂以润泽羽毛,具有隔水防潮、御寒的作用。

图 1-2　鸭喜欢在水中觅食、嬉戏和求偶交配

2. 耐寒性

成年鸭因其体表大部分覆盖正羽(图 1-3),致密且多绒毛,故对寒冷有较强的抵抗力。研究表明,鸭脚骨髓的凝固点较低,即使长期浸在冰冷的水里仍然能保持脚内体液流畅而不使脚蹼冻伤,因此,在寒冷季节只要保证饲料品质、鸭舍干燥、饮水充足,仍然能维持鸭的正常体重和产蛋性能。反之,由于鸭无汗腺,对高温环境适应性较差,温度超过 25℃时散热困难,只有经常泡在水中或在树荫下休息才会感到舒适。

3. 合群性

鸭喜群居,不喜斗殴,故较适合大群放牧饲养和圈养(彩图 2)。但在饲喂时一定要让群内每只鸭均有足够的采食位置(图 1-4);否则,会有一部分弱小个体由于采食不到饲料而消瘦。

图1-3　鸭体表覆盖正羽

图1-4　鸭要有足够的采食位置

4. 杂食性

鸭属于杂食性动物，食谱比较广，很少有择食现象，加之其颈长灵活，又有良好的潜水能力，故能广泛采食各种生物饲料。鸭口叉深，食管宽，能吞食较大的食团。鸭舌边缘分布有许多细小的乳头，与嘴板交错，具有过滤作用，使鸭能在水中捕捉到小鱼虾。因此，在舍饲条件下，饲料原料应尽可能多样化。

5. 生活节律性

鸭有较好的条件反射能力，可以按照人们的需要和自然条件进行训练，并形成一定的生活规律，如觅食、戏水、休息、交配和产蛋均有相对固定的时间。放牧饲养的鸭群一般是上午以觅食为主，间以戏水或休息；中午以戏水、休息为主，间以觅食；下午则以休息居多，间以觅食。一般来说，产蛋鸭傍晚采食多，不产蛋鸭清晨采食多。配种一般在早晨和傍晚进行，其中熄灯前2～3小时交配频率最高，垫草地面是鸭常用的交配场所。

6. 无就巢性

就巢性（俗称抱窝）是鸟类繁衍后代的固有习性，但鸭经过人类长期驯养、驯化和选育，已经丧失了这种本能，从而延长了鸭的产蛋期，而种蛋孵化和雏鸭饲养则由人们采用高效率的方法来完成。但在生产实践中仍有少部分鸭因日龄过大或气候炎热出现就巢现象。

7. 群体行为

鸭良好的群居性要通过争斗建立，强者优先采食、饮水、配种，弱者依次排后，并一直保持下去。这种结构保证鸭群和平共处，也促进鸭群高产。在已经建立了群序的鸭群中放入新公鸭，各公鸭为争配会引起新的争斗，造成失败者伤亡，或处于生理阉割状态。

【小经验】

　　配种期应经常观察鸭群，并及时更换无配种能力的公鸭。合群、并舍、更换鸭舍或调入新成员应在母鸭开产前几周完成，以便鸭群有足够的时间重新建立群序。

8. 定巢性

　　鸭产蛋具有定巢性，即第一枚蛋产在某个地方，以后就一直在此处产蛋，若此处被别的鸭占用，则宁可在巢门口静立等待也不进旁边的空窝产蛋。由于排卵在产蛋后半小时左右，因此鸭产蛋时等待的时间过长会减少其日后的产蛋量。一旦等不及，几只鸭为了争一个产蛋窝就会相互啄斗，被打败的鸭便另找一个较为安静的地方产蛋，结果造成窝外蛋和脏蛋增多。

【提示】

　　蛋鸭开产前应设置足够的产蛋窝，由于鸭产蛋具有喜暗性，并多集中在后半夜至凌晨，因此，在产蛋集中的时间应增加收蛋次数。

第三节　　掌握鸭习性的昼夜变化规律

一、采食规律

　　在自然光照下，鸭一昼夜内有 3 个采食高峰，分别是早晨、中午和晚上。因此，一要加强早饲，鸭在黎明时食欲特别旺盛，此时喂饱、喂好，可使鸭增膘特别快；二要定时放牧，即在鸭早、中、晚 3 次采食高峰时放牧，其他时间让鸭群休息或将其赶入水中，劳逸结合；三要适时给药，如需混饮给药或混饲给药，最好安排在鸭采食高峰时进行。

二、产蛋规律

　　鸭产蛋主要集中在午夜至黎明这段时间，一般不在白天产蛋。因此，在 22∶00 要准时关灯，以保证鸭在次日 1∶00 ~ 4∶00（此时较安静）产蛋。若发现鸭普遍在 17∶00 左右产蛋，并且蛋重较小，表明其日粮中精料不足，应及时按标准增加精料；若鸭在白天产蛋，则原因多是饲料单一、营养不足、早上出牧过早、鸭舍内温度过高或湿度过大等。

三、交配规律

种鸭交配一般选择早晨或傍晚在广阔的水面进行。因此，要充分利用种鸭早上和晚上的交配高峰期，将其赶到较深的水域，以提高种蛋受精率。

四、酉时病规律

酉时病是运输应激所致，因鸭在每天酉时（17：00～19：00）发病而得名。本病发作时，鸭群剧烈骚动、快速聚堆，导致部分弱鸭被践踏致死，死亡率达17%～24%。因此，要尽量减少鸭远距离运输的次数。如需运输鸭，应于运输后数日内，在每天酉时前1～2小时于日粮中添加抗应激药物，以防止酉时病发生。

五、免疫应答规律

鸭对生物制品（疫苗等）敏感性的强弱呈昼夜周期性变化，白天敏感性差，免疫应答迟钝；夜间接近凌晨时，肾上腺素分泌最多，免疫应答最敏感。因此，鸭的免疫在凌晨进行效果较好。鸭夜间停止活动，容易捕捉，应激反应小；每天凌晨进行接种，可以使鸭更快、更好地产生免疫力。

 【提示】

鸭习性的昼夜变化规律可以反映鸭群的生产性能发挥水平，饲养人员应密切关注、充分利用，若发现异常，应及时处理。

第二章
把握市场脉搏，向规律要效益

第一节　经营理念的误区

一、养鸭起步误区

1. 养殖时机比较盲目

许多农民朋友初次养鸭，不知何时开始养鸭为宜，只是通过调查市场上鸭肉、鸭蛋、毛鸭和鸭苗的价格，再看看周围地区是否养鸭、是否赚钱，便决定自己是否养鸭和养鸭规模。仅凭表面现象、眼前行情、随大流就决定开始养鸭便是起步的误区。由于肉鸭饲养周期短，每年可饲养多个批次，故认为肉鸭很好养，这种盲目起步很容易造成"一哄而起"的养鸭局面。因此，养殖户应根据市场行情、养殖品种、饲养模式、季节、个人技术水平等因素选择适宜的养鸭时机。

2. 饲养方式选择不当

目前农村养鸭方式主要有笼养与平养两种。笼养虽然具有提高单位面积鸭舍利用率和劳动生产率，利于疫病防控，饲养效率高、饲料转化率高，利于环境保护和清洁生产，以及可减少对水源污染等优点，但易出现应激反应和软脚病，羽毛零乱，外观差，易发生卡头、卡脖、卡翅现象，饲养成本稍高等问题。平养具有成本低、投资少、可充分利用养殖环境资源等优点，但也存在环境污染，养殖环境资源依赖性强、占有量大，养殖风险高和鸭蛋污染等问题。综上所述，小规模家庭饲养场适于放牧饲养；规模较大的家庭饲养场，可采用集约化饲养方式。

3. 养殖模式定位不准

养鸭前一定要选择好是传统养殖模式还是生态养殖模式，如旱地圈养、笼养、喷淋技术、发酵床养殖、林下养鸭及鸭与其他生物共育等模式。不同的养殖模式对场舍建设、技术准备、疫病防控、资金投入、环保等要求不同，提前选择好适合自己的养殖模式，可以趋利避害，提高产品质量和经济效益。

4. 养殖前准备不足

养鸭前要从场舍（彩图3、彩图4）、用具（彩图5、彩图6）、技术、饲料、防疫、购种等方面做好准备工作。若投资较大、资金准备不足，饲养管理与疾病防治等关键技术不具备，盲目上马，则风险极大。

5. 销售模式不明确

目前，肉鸭的销售渠道主要有两种，分别为市场鸭（社会鸭）和合同鸭。前者即鸭苗、饲料、兽药等均为自己投资，待商品鸭到达出栏体重时，直接联系收购商进行销售，价格随行就市；后者即公司与农户签订订单合同，公司向农户赊销鸭苗、饲料、兽药，公司回收农户的商品鸭，实行保护价收购，无论产品走俏还是滞销，保证收购价格不变，现款结算，化解了农民的市场风险，双方形成互惠互利、共同发展的联合体。养肉鸭时一定要提前计划好销售模式，以最大程度获取经济利益。蛋鸭的销售模式与肉鸭基本相同。

6. 鸭场建设投资较大

鸭场建设在保证科学饲养管理、利于疫病防控和达到环保标准的前提下，应尽可能减少固定资产投资比例，因地制宜，秉承经济、耐用、实用的原则（图2-1）。而有的养殖户追求高大上，导致鸭场建设、饲养设备、生产用地等所占投资较大，在后期养殖过程中一旦出现疫病、市场行情低落等情况，往往亏损严重。

图2-1 因地制宜将猪圈改造成鸭舍

【提示】

　　养鸭起步前必须进行充分的市场调查，做好心理准备，确定好饲养模式、生产方式、销售渠道等，切忌盲目上马、投资过大。

二、养鸭停产误区

　　近年来，养鸭的数量、规模和区域不断扩大，然而一些养殖户把养鸭当成副业，行情好时养鸭，当看到养鸭市场行情低迷、养鸭利润较低或赔钱时，感到养鸭业形势不妙，就跟着其他养殖户紧急淘汰鸭，进行清舍处理，有的把鸭舍改造后种植蘑菇、木耳，造成农村养鸭规模一落千丈、"一哄而下"。这一观念误区是造成养鸭不稳定，也是造成不稳定的养鸭户赔钱的根本原因。

【提示】

　　养鸭最大的风险是市场风险和疾病风险。在搞好饲养管理和卫生防疫的前提下，养鸭贵在坚持，只有拿养鸭当事业，尽心尽力才能赚到钱。

三、经营规模误区

　　鸭场规模与其所得的最佳经济效益存在规律性，只有当规模经营"适度"时，即当鸭场生产力各要素最合理地集中与组合时，才能有最佳的目标效益。对生产经营者而言，找到"这个适度规模"至关重要。专业化规模鸭场有其技术和管理优势，有利于提高养鸭管理水平和应对养殖风险的能力，降低养殖成本，提高养殖收入。养鸭投资规模大小，直接关系到经济效益的高低和风险的大小，除了要求有熟练的饲养管理与疾病防治技术外，还应根据自身的资金实力、场舍面积、饲料来源、种苗来源、鸭蛋销路等来确定。因此，建议蛋鸭饲养规模，小规模一般为 1000～2000 只，中等规模为 3000～5000 只；肉鸭饲养规模为 2000～5000 只。这样的规模投资不大，既不浪费劳力，又便于管理，比较经济、适度。以后等养殖技术完全掌握后，可以适当扩大规模。

【提示】
　　养殖规模并非越大越好，养殖规模过大会造成环境污染和防疫困难加重等影响。

第二节　熟悉鸭业市场波动规律及影响因素

一、鸭业市场波动规律

1. 宏观经济因素与肉鸭价格间存在长期均衡关系

国内生产总值（GDP）、市场利率的增加或下降会促使肉鸭价格水平的上升或下降。其中，GDP以消费水平为媒介对肉鸭价格施加正影响，市场利率以企业财务经营资金为中介对肉鸭价格施加正影响。肉鸭产业比较脆弱，社会经济大气候变化会对产业造成影响，因此，国内或地方经济发展的稳定性与防止肉鸭价格波动有直接关系。

2. 肉鸭价格与玉米价格间存在协整关系

玉米价格的上升或下降会导致肉鸭价格的上升或下降。同时，肉鸭产业更容易受到饲料产业的利润挤压，短期内肉鸭生产经营者为了获取较高的产业利润，会牺牲部分成本损失，包容饲料成本上涨。

3. 鸭肉价格与鸡肉价格、猪肉价格存在长期均衡变动关系

鸭肉价格与猪肉价格变化互为因果关系。其中，鸭肉价格与猪肉价格的关联强度要高于与鸡肉价格的关联强度。同时，鸭肉价格的变化会导致鸡肉价格的变化，但鸡肉价格变化对鸭肉价格产生的影响很小，表明肉鸭产业相对肉鸡产业的社会接受度还较小。

4. 肉鸭出栏量、产肉量与肉鸭价格变化互为因果关系

肉鸭价格对肉鸭产肉量、出栏量变化的反应较为迟钝，而肉鸭产肉量、出栏量对于肉鸭价格变化的反应较为迅速。

二、影响鸭业市场波动规律的因素

1. 市场因素

近年来，毛鸭、鸭产品价格潮起潮落，波动范围较大。如2017年上半年，鸭肉产品价格异常低迷，商品代白羽肉鸭雏鸭的供应量为16.13亿只，平均价格为1.45元/只，同比下降33.05%，种鸭场的雏鸭生产成本大约为2元/只，行业亏损严重。毛鸭价格在2017年上半年非常低迷，

均价为 5.93 元/千克。2018 年活鸭市场批发价上涨迅猛，一举超越 2015—2017 年的价格水平，2018 年鸭蛋批发价较 2017 年同期有明显提高，一直维持在 12 元/千克的高位浮动。但受各种制约因素（如饲料、兽药、供求关系等）的影响，市场行情变化快，价格波动难以预测，时常出现"有市无价"或"有价无市"的局面。

2. 疾病因素

鸭病风险具有不确定性，是造成养鸭高风险的重要因素。养鸭最大的风险就是疾病，如病毒性肝炎、大舌病、大肠杆菌病、传染性浆膜炎、坦布苏病毒病、呼肠孤病毒病等。疫病对养鸭业的危害性已不仅限于造成鸭死亡或个体生产性能下降，更加突出表现为养鸭户、消费者对疫病产生恐慌而弃养、弃购。在养鸭过程中，如果出现大规模的疫病情况，除造成经济损失外，会对养殖者的生产积极性造成极大挫伤，间接影响鸭的市场供应量，同时会影响人们的消费心理，减少鸭肉和鸭蛋的消费，进而导致鸭产品价格波动。随着鸭产品价格下跌，养鸭数量会因消极的市场态势呈下降趋势，多数养殖户会采取低价抛售、压低存栏量或放弃养殖的方式规避风险。

3. 技术因素

养殖者自身技术水平、管理经验和经营技巧不高，造成鸭病发生率、生产水平、经济效益低下，由此所带来的风险直接影响养殖者的收益、投资信心。若养殖技术或经验不足，一旦发病，鸭会出现生产性能下降甚至大批死亡的情况，还会造成巨大的经济损失。

4. 政策因素

农业政策中的《畜禽规模养殖污染防治条例》《水污染防治行动计划》《畜禽养殖禁养区划定技术指南》，以及兽药国标化、环保评价政策、贸易自由化、国家宏观调控等经过传导最终会影响鸭产品的价格。例如，由于政府出台严格的限养政策，大量养鸭棚舍被拆除，肉鸭出栏量大幅缩减，鸭蛋产量显著下降，导致我国养鸭业在 2017 年出现较大震荡。

5. 环境因素

一是自然灾害因素，如地震、水灾、风灾、冰雹、霜冻等气象、地质灾害会对鸭生产造成损失，从而带来风险；二是国民的肉类消费观念也会影响鸭肉消费量；三是国家陆续出台的相关法律和法规，如《中华人民共和国环境保护法》《畜禽规模养殖污染防治条例》等，无一不在倒逼鸭产业加速转型升级，最终影响养鸭的经济效益。

6. 供需因素

（1）供给层面

1）鸭苗价格。购买鸭苗的资金投入在养鸭成本中占有较大比例，2019 年鸭苗价格平均为 8.5 元/只，高价位时达到 9.4 元/只。雏苗价格波动也由供需变化导致，最常见影响雏苗价格的因素是疫病，若种鸭发病，产蛋量下降，雏苗因供给减少而价格上涨；若是在养鸭过程中出现疫病，会导致鸭产品需求减少、价格下跌，生产者变更生产行为，少养或退出养殖，进而雏苗会因需求减少而价格下跌。雏苗价格波动是造成鸭业市场价格波动的基础原因，若雏苗价格上涨，将直接造成生产总成本的增加，而且生产者会根据当批雏苗价格来获得预期市场价格的判断，从而对当批饲养量做出决定。因此，雏苗价格会影响生产者的供给行为。

2）投入品费用。除雏苗价格外，生产过程中投入品的价格很大程度上也会决定养殖成本。人们在选择养鸭时，投入品费用会在很大程度上对生产者的行为起决定性作用。近年来，政府对养鸭生产中投入品的补贴，提高了养鸭户的生产积极性。

3）市场信息化程度。目前，我国养鸭业发展初步形成了集中经营的产业化经营模式，但养鸭业信息化能力较弱，鸭业市场的供求信息、价格信息、生产信息、产业发展信息等都严重不足。信息的欠缺和不对称性加大了养鸭户对鸭业市场信息掌握的难度，只能根据局部地区短时间的供应关系和价格做出生产决策，不能全面把握市场动向，用准确的市场信息指导生产，造成了一些养殖场（户）随意进入和退出养鸭业，更加剧了鸭业市场的波动性。

（2）需求层面

1）消费者收入和消费结构的变化。城市化进程的加速推进和人民生活水平的提高，带动了肉类消费者数量的增加。强大的购买力使人们对生活的品质及食品的多样化提出了更高的要求，人民的消费结构开始发生变化，餐桌上不再局限于传统的肉类，呈现出向低脂肪、高蛋白的禽肉消费转化的趋势，这在很大程度上促进了鸭业市场的蓬勃发展。

2）替代品的价格。随着人们的生活水平大幅提高，鸭产品的需求量不仅与其自身的价格有很大关系，其替代品的价格也在很大程度上影响着鸭产品的市场需求。鸭产品的替代品主要是其他禽肉类如鸡肉，此

外还有猪肉、牛肉、羊肉等。在人们对各种肉类偏好一致的情况下，替代品价格上涨，对鸭产品的需求量有一定的拉动作用，最终会导致鸭产品价格上扬。

3）疫情及食品安全问题。一是鸭本身出现人畜共患病，不仅对供给量产生大的影响，尤其对该类产品的市场需求量会有很大程度的冲击，由于消费者的恐慌心理，市场会迅速进入低迷状态；二是鸭产品的替代品发生疫病，如 2018 年以来全国暴发的非洲猪瘟，使作为猪肉替代品的禽肉类产品的需求量和价格一定程度上涨。

【提示】

影响鸭业市场波动的因素较多，养鸭者应密切关注鸭业市场行情、政策导向，分析供需变化等，才能有效降低市场波动对自己的影响。

第三节　如何应对鸭业市场波动

一、把握养鸭起步的机遇

投资养鸭最好选在市场低谷时上马。当市场处于低潮时，鸭苗费用低，饲料价格相对便宜，这时上马有利于降低成本，增加利润。也就是说低谷投入，高峰积累，低成本和别人竞争，牢牢掌握市场主动权。当养鸭周期正处于低谷时，可以低成本购买鸭苗和建鸭场；当养鸭周期由低谷开始回升时，鸭场全面投产供应市场，正好赶上好行情；当周期达到高峰时，已收回成本，必然产生可观的经济效益。相反，如果在高峰期上马，会导致养鸭市场供大于求，价格下降，经济效益欠佳。

二、认识市场波动与效益的关系

养鸭业市场波动对养鸭经济效益的影响是双向的，要么使养鸭户赚钱，要么赔钱。对养鸭户来说，在市场波动不断的情况下发展养鸭，应把握好 4 个时期：低谷期、上升期、高峰期和下滑期。若能精准把握 4 个时期，刚进入这个产业的养鸭户则能迅速取得好效益，站稳脚跟，为下一步养鸭生产的发展打下坚实的基础。若发展养鸭刚起步遇到生产滑坡，则会出现亏损，甚至元气大伤，以后再发展难上加难。鸭业市场波动中的低谷期是养鸭户进入的最佳时期，此时鸭苗价格低，发展养鸭的成本较低；鸭业市场逐渐走出低谷进入上升期时，养鸭户要加快规模膨胀速度；鸭业市场进入高峰期时，养鸭户应加快出栏商品鸭和鸭产品，以取得更好的效益，并开始逐渐压缩存栏量；待鸭业市场进入下滑期时，应提高鸭群质量，逐步增加存栏规模。

三、准确做出市场预测

市场预测就是掌握市场需求与价格的信息。经营者可以按照一般的市场经济规律和自身的经验，对市场的现状、发展趋势做出客观的综合分析与评估。

1. 预测内容

主要有养鸭业的发展变化情况；城乡消费习惯、消费结构、消费增长和消费心理的变化；市场价格变化情况；同类产品进出口贸易情况；国家法律、政策和国际贸易政策的变化对市场供求的影响；本地区及国内养鸭业的变化；市场饲料、生产设备价格情况等。

2. 预测方法

（1）经验判断法　主要依靠从业者本身的业务经验、销售人员的直觉，以及专家的综合分析，来全面判断市场的发展趋势。该方法只适用于缺乏数据、无资料，或者资料不够完备，或者预测的问题不能进行定量分析，只能采用定性分析（如对消费心理的分析）的研究对象。

（2）市场调查预测法　主要通过市场调查来预测产品销售趋势，可采取典型调查、抽样调查、表格调查、询问调查和样品征询法等。

（3）实销趋势分析法　根据以往实际销售增长趋势（即百分比），推算下期预测值的方法，计算公式为：下期销售预测值 = 本期销售实际值×（本期销售实际值/上期销售实际值）。

3. 预测步骤

（1）确定预测目标　主要是确定预测对象、目的及预测时期和预测范围。预测对象是指预测何种产品，预测目的是指预测的销售量（销售额）、市场总需求量或收益等，预测时间是指起止时间和每个阶段的时间及所要达到的目标，预测范围是指某一地区。

（2）搜集资料　在生产经营中，要做出正确的国内外市场预测和经营决策，必须搜集大量准确的预测资料。若单凭主观印象去决策，容易造成决策失误。因此，必须采取各种办法，通过有效的途径调查和搜集资料。

（3）**选择预测方法** 同一预测对象，不同的预测方法所得的预测结果可能不同，准确率也不一样。因此，对同一预测目标，应同时运用多种预测方法进行预测，以便相互比较、分析和修正，使得预测结果更加准确。

四、科学应对鸭业市场波动

1. 密切关注市场动态

养鸭生产经营者应密切关注市场行情与动态，对养鸭业的现状、趋势和规律有一个较为准确的把握，这样在具体生产过程中，才能做到心中有数，避免盲目行为。

2. 成立专业合作社

小规模的养鸭场（户）通过成立鸭业协会、合作社等方式，加强信息交流，实行统一供种、统一饲料、统一防疫、统一销售，从而将千家万户的小生产联合起来，在一定程度上实现规模生产，达到降低成本、减少疫病、提高售价、增加效益的"多赢"效果。

3. 延伸产业链

养鸭是产业链的最低端，风险集中在生产环节。通过延长产业链，从生产拓展到加工和流通领域，如用鸭蛋加工皮蛋、彩蛋、松花蛋，提取卵磷脂，用鸭肉加工鸭制品等，发展高端加工可以降低经营风险。

4. "公司＋农户"模式

此模式即大型企业与农户联合，如河南华英鸭、山东六合鸭等。河南华英集团通过"公司＋基地＋农户＋小区"的经营模式，以经济利益为纽带，把公司和农户紧密结合起来。"公司"即华英集团；基地即参与公司合作的分散养殖户；小区即公司全额投资建设的养殖小区，由农户承包养殖。公司同养殖户和小区签订养殖合同，明确各自权利义务关系，然后向养殖农户和小区提供启动资金，赊销鸭苗、饲料。在养殖过程中实施统一管理、统一喂养方式和统一饲料，由公司委派技术人员统一防疫免疫。出栏时，公司统一价格收购，对违反合同规定、不按要求进行饲养的农户，依据合同给予相应的经济处罚。

5. 适度规模

规模化饲养是今后养鸭业的必然发展方向，规模饲养是决定养鸭业向现代化发展的基础，只有养鸭达到一定规模，才能实现科技应用、疫病防治、质量控制、产品销售等专业化、标准化，从而适应市场发展的需求，保证养殖效益和鸭及其产品的质量。总之，有规模才有效益，有规模才有市场，大力发展养鸭产业的规模已是大势所趋。

【提示】

只有通过准确把握养鸭起步的机遇，处理好市场波动与效益的关系，做好市场预测，采取综合应对措施，才能降低市场波动对养鸭的不利影响。

第四节　因地制宜确定鸭的养殖模式

一、家庭农场方式

2019年9月9日，中华人民共和国农业农村部、国家发展和改革委员会等11部门和单位联合印发《关于实施家庭农场培育计划的指导意见》，提出加快培育出一大批规模适度、生产集约、管理先进、效益明显的家庭农场。引导本地区家庭农场适度规模经营，取得最佳规模效益，把符合条件的种养大户、专业大户纳入家庭农场范围。家庭农场的生产经营以追求效益最大化为目标，商品化程度高，更注重实现标准化、机械化、规模化、信息化，以及农产品质量安全。

二、集约化方式

1. 笼养

蛋鸭笼养一般分为地面平养和笼养两个阶段。地面平养主要是育雏期和育成期，笼养在产蛋期，两个阶段的栏舍要求和管理特点有所不同。笼养具有节约饲料，减少疾病发生，减少粪污蛋和破损蛋，进行集约化生产、提高生产效率，控制鸭舍内小环境，提供适宜的生活条件等优点。近年来，肉鸭笼养也在山东省、江西省等逐渐推广应用。

2. 网上平养 （图2-2）

鸭床由木条、竹条、金属搭建而成，网床离地面60~70厘米，木条宽1.5~2厘米，竹条直径为1.8~2厘米，间距为1.5~2厘米，金属网的网孔直径为1.5~2厘米。为防止网床损伤鸭脚趾及影响屠体品质，可使用塑料板条和增塑网。网上平养可以节省垫料，鸭群不与鸭粪接触，减少疾病的传播，但饲养成本高于地面平养，鸭群易患营养缺乏症，因此，需喂全价配合饲料。

3. 地面平养（图2-3）

该方式多采用开放式的鸭舍，舍内地面由 1/2 的水泥地面和 1/2 的漏缝地板组成，水泥地面以锯木屑或铡短的稻草作为垫料，春夏季节雨水较多，每隔 2~3 天要更换一次垫料，以保持鸭舍清洁、干燥，秋冬季节视卫生状况更换垫料。地面平养的优点是饲养管理方便，易于操作和观察；缺点是鸭与垫料接触，胸部羽毛较脏，垫料易潮湿，鸭群均匀度难以控制。

图2-2 网上平养　　　　　　　图2-3 地面平养

三、工厂化方式

工厂化养鸭是指摆脱自然环境的影响，完全依赖人为提供的最适合鸭的生长发育、繁殖的生活环境和全价配合饲料的饲养条件，采用先进的饲养技术，最大限度地提高劳动生产率的一种养鸭方法。主要特点是生产的持续性、无季节性和主动控制性。工厂化养鸭是现代营养科学、配合饲料技术、家禽育种技术、疫病防治技术、环境控制技术、鸭舍建造技术，以及机械化、自动化技术的综合体。

四、生态养殖方式

1. 生态放养

利用农田、林地、果园、河堤、水库（图2-4）等丰富的自然资源，根据当地实际情况，充分利用林地小动物、昆虫及杂草等自然的动植物饲料资源，通过围网放养结合棚养或圈养的方式，使鸭自由采食林地中生长的野生饲料及地下的矿物质等，较少使用化学药品及抗生素。林牧结合、以林养牧、以牧促林的林地生态养鸭模式，已经成为不少地区发展生态农业的重要方式。

图2-4　水库放养

2. 湿地养殖

湿地养殖适合有开阔湿地的生态环境地区，可用网圈出适宜的养殖区域对鸭进行放养，既可以给鸭提供新鲜优质的青绿饲料，又可以增加湿地中植被的覆盖率。养殖中严格按照无公害控制技术操作，不用饲料添加剂、化学药品及抗生素，可以实现产品无公害，既降低了成本，又提高了产品的质量。

3. 发酵床养殖

发酵床由锯屑、稻壳、秸秆、米糠等农副产品配以专业的有益微生态活菌制剂制成，可以增强鸭的抗病力，改善鸭舍环境，提高养殖效益；减少污染，降低发病率，节约成本，省心、省工、省料、省药。但垫料、鸭舍的资金投入比较高，同时垫料所需的菌种也应因地制宜地选择，购买适合当地环境的菌种。

4. 稻田养殖

稻田养殖是将鸭放养在稻田中，让其在稻田内捕食一些害虫、杂草和水生小动物，同时用鸭粪直接肥田的饲养方法，既节约空间、节省养鸭饲料成本、提高养鸭品质，又能减轻害虫及杂草对水稻的危害，减少农药使用量。

5. 鱼鸭混养

鱼鸭混养是利用食物链进行生态养殖的模式。该模式要选择优良品种和合理控制养殖密度，可以减少饲料等浪费，鸭粪可作为鱼类的有机饵料，以节约养鱼成本，增加经济效益，并促进池塘生态系统循环。同时，鸭的活动可以为池塘增加氧气。

【提示】

鸭的养殖模式应根据品种类型、地理环境、消费水平、资金投入、产品定位等因素，选择适合本地区、本场的养殖模式。

第五节　如何实现养鸭产业化

一、养鸭产业化的内涵

养鸭产业化是以市场为导向，以效益为中心，依靠龙头带动和科技进步，通过建立"公司＋农户""公司＋专业合作社＋农户"的经营模式，对养鸭实行区域化布局、专业化生产，实现种鸭孵化与饲养、鸭的饲养、饲料加工、免疫、屠宰、加工、冷藏及产品销售"一条龙"的生产经营、社会化服务和企业化管理模式，形成农工商一体化、产销"一条龙"的经营方式和产业组织形式。

二、养鸭产业化的意义

1. 有利于解决小生产与大市场的矛盾

面对千变万化的市场，小规模、分散性的养鸭模式遇到的最大难题是生产与市场脱节。盲目性生产和产供销的脱节导致生产随市场波动大起大落，生产经营的稳定性差，严重影响养鸭者的积极性。鸭产业化经营方式，既连着国内外市场，又连着千家万户，使生产、收购、加工、储藏、运输、销售等产业链环节紧密衔接、环环相扣，有效地将分散的个体生产与市场联结，使广大养鸭户的小生产形成大群体直接进入大市场，与大市场对接，减少了生产的盲目性，解决了小生产与大市场的矛盾，调动了养鸭者的生产积极性，加速了养鸭业的商品化、市场化进程。

2. 有利于提高养鸭的效益

养鸭的科学化水平和市场化进程是转变其效益增长方式的重要标

志。养鸭业是弱势产业，饲养环节获利少，甚至亏本，而通过加工、销售等环节，可以取得高于饲养环节的利润。通过养鸭产业化，使生产、加工、销售等环节联系，在不打破家庭经营的情况下，可以扩大区域规模，发挥规模效益，相应降低鸭产品单位生产成本。通过规范化的合同或股份制，使养鸭者和企业间在一定程度上形成风险共担、利益共享的经济共同体，通过生产资料赊销、提供无偿或低成本债务、保护价收购等措施，使广大养鸭户分享加工、销售环节等形成的增值利润，使一体化经营体系内部做到利益互补，明显增强抵御自然风险和市场风险的能力。

3. 有利于加速养鸭业现代化进程

在专业化生产体系中，加工企业和鸭产品直销部门为获得批量、均衡、稳定和高质量的货源，必须推动生产基地的规模化生产。而养鸭户借助龙头企业的配套服务，尽可能扩大生产能力，获得效益，促使生产形成适度规模。同时，为了降低成本，提高产品竞争力，必然需要增加投资，使用现代的技术装备，从而促进传统养鸭业向现代化养鸭业转变。

4. 有助于养鸭业的科技进步

鸭产品的市场竞争力在很大程度上取决于产品的科技含量，而提高鸭产品的科技含量是养鸭业发展的原动力。通过养鸭产业化，一方面将养鸭生产纳入一体化的产业化中，使养鸭者能够分享鸭产品加工增值带来的利润，增强其对新技术的吸纳能力；另一方面把分散的养鸭户集中起来，按照市场的要求进行规模生产，龙头企业为养鸭生产者提供配套的技术培训服务，进行经营管理指导，以提高劳动者的科技水平和综合素质，最大限度地降低养殖风险，促进科学技术的普及和科研成果的推广应用。

三、实现养鸭产业化的方法

1. 按产业化组织间的联系程度划分

（1）松散型　即产业链中企业与养鸭户的联系较为松散。企业与养鸭户各自独立经营，只在某一时期、某个环节、某个过程实行联合；其联合的形式、期限、内容、经济结算、双方的权利和义务均通过合同做出明确约定。企业同养鸭户之间的关系主要是简单的商品销售合同关系，企业按市场价收购养鸭户的产品，自己独立组织生产和承担

风险。

（2）**半紧密型**　即产业链中的龙头组织与养鸭户之间有一定合作关系。由企业和养鸭户共同建立生产基地，企业负责种鸭、技术、加工、销售，养鸭户负责生产管理。企业按保护价收购鸭产品，主要承担市场风险，而养鸭户主要承担生产风险。

（3）**紧密型**　即产业链中参加联合的各方，组成经济利益共同体。各方虽然仍是自负盈亏的经营单位，但它们自愿地组织在一起，已不是一般的市场关系，而是利益共同体与市场相结合的关系。它们有组织、机构、章程，明确各自在共同体的分工、职责、权利、义务和利益分配，并以一个联合的经营主体参与市场竞争，从而获得较好的利益，并能共同承担经营风险。

2. 按带动产业链的主要动力和生产结构划分

（1）**"龙头"企业带动型**　即以实力较强的企业为"龙头"，与生产基地和养鸭户结成紧密的产、加、销一体化生产体系。其主要方式是合同契约或股份制，签约双方规定责、权、利。企业对基地和养鸭户具有明确的扶持政策，提供全过程服务，设立鸭产品最低保护价，并保证优先收购。养鸭户按合同规定定时、定量向企业交售鸭产品（毛鸭、鸭蛋），由"龙头"企业加工、出售制成品。

（2）**市场带动型**　即以专业鸭产品市场或专业鸭产品交易中心为依托，拓宽鸭产品流通渠道，带动区域鸭产品专业化生产，实行产、加、销一体化经营，具有集散鸭产品、实现价值、汇集信息、引导生产等功能。

（3）**中介组织带动型**　中介组织有专业合作社、技术协会、销售协会、畜牧兽医站等。充分发挥中介组织在信息、资金、技术、销售等方面的优势，不仅为养鸭户的产、加、销提供各种服务，而且也为加工、销售企业提供服务，实现各类生产要素的优化组合和资源的合理配置。同时，协会还会反映养鸭户的呼声并保护其利益。

（4）**主导产业带动型**　从利用当地资源和开发特色鸭产品入手，逐步扩大经营规模，提高鸭产品档次，组织产业群、产业链，形成区域性主导畜牧业和拳头鸭产品，走产业化道路。

（5）**企业集团型**　以鸭产品养殖为基地，以加工、销售企业为主体，以综合技术服务为保障，把养殖、加工、销售、科研和生产资料供应等环节纳入统一经营体内，成为比较紧密的企业集团。

【提示】

养鸭产业化是"一条龙"的生产经营、社会化服务和企业化管理模式，也是未来养鸭业发展的主要趋势。养鸭者可以根据本地区的产业化水平、个人实际情况等，确定自己参与产业化的形式与程度。

第三章
正确选种引种，向良种要效益

第一节　选种与购种的误区

一、对品种的概念不清楚

许多初次养鸭者对鸭的品种认识比较模糊，片面地认为，只要是鸭就一定属于某一品种，而不知要被称为品种必须满足以下条件：相同的来源；性状及适应性相似；较高的经济价值；遗传性能稳定，种用价值高；有一定的群体结构。也不知道鸭的品种分为肉用型、蛋用型、肉蛋兼用型3种。首先要确定是养蛋鸭，还是肉鸭。即使是养肉鸭，选择时也应考虑以下问题：

1. 根据市场需求选择

消费者对肉鸭产品的喜好具有一定的地域特色，因此，在选择养殖肉鸭品种时，应依据消费者的喜好和市场需求（表3-1）。只有选择适销对路的品种，才能取得较好的经济效益。

表3-1　根据消费者的喜好和市场需求选择肉鸭品种

市场区域	市场需求	选择方向	选择品种
北京及其周边地区	消费者喜欢吃烤鸭，且需求量较大	适宜加工烤鸭的大型肉鸭	北京鸭、天府肉鸭等
用于出口的基地	对鸭肉胴体品质要求较高	配套品系杂交鸭	樱桃谷鸭、枫叶鸭、天府肉鸭等
南方地区	喜欢制作传统卤鸭、板鸭、熏鸭	中型杂交肉鸭及本地麻鸭	临武鸭等
蛋肉均可消费的地区	鸭蛋与鸭肉均有较大的需求	肉蛋兼用型鸭	高邮鸭、建昌鸭等

2. 根据生产性能选择

肉鸭优良的生产性能是取得良好养殖效益的基础。中小型规模的养殖场，选择肉鸭品种时，要从其生产性能出发，不能盲目地单纯从鸭苗价格来选择养殖品种，不要只看价格低就行，从而导致所养殖的品种与那些生产性能好的品种相比，料肉比差距很大，养殖成本增加，养殖效益降低。因此，在同一类型的品种中，不仅要选择生产性能好的品种，还要选择适应能力和抗病能力强、发病少的肉鸭品种。

3. 根据养殖区域和经济能力选择

养殖地区对肉鸭品种的选择也有一定影响。一般而言，大中城市近郊的农户可选择饲养大型肉鸭。大型肉鸭具有饲养周期短、生长速度快、饲料报酬高、适合规模饲养等特点，但饲养大型肉鸭需要一定技术设备和相应的资金。而在边远丘陵山区，则宜选择饲养中型杂交肉鸭和肉蛋兼用型鸭，这类肉鸭对养殖设备要求不高，适合散养和放养，可以充分利用当地饲料资源，降低饲养成本，需要的技术设备和资金相对较少。

二、为了省钱购买来源不明的鸭

养鸭要想成功，必须要有优质鸭苗做保证，好的鸭苗能养坏，但坏的鸭苗肯定养不好。若鸭苗的品种纯正且鸭苗质量好，则鸭群的耗料少、生长快，利润高，反之赚钱就少。选择优质、健康的鸭苗才是提高养殖效益的根本。生产实践中，在养鸭密集区，尤其是一些中小型规模的养鸭场，一旦发现某时养鸭的利润较高，就盲目进苗，为了省钱购买来源不明的鸭苗，只看价格，不看品种和质量，只要价格低就行，结果与那些选择性能好的品种的鸭场相比，料肉或料蛋比相差较大，容易发病，影响以后鸭生产性能的发挥。

【提示】

购买鸭苗或青年鸭时，一定要坚持比质、比价、比服务，坚持就近购买，把好鸭苗的质量关、价格关和结构关。

第二节　提高良种效益的主要途径

一、充分了解鸭的品种类型与特点

鸭的品种按照经济用途可以分为肉用型、蛋用型和兼用型3个类型。

1. 蛋鸭品种

生产中常见的蛋鸭品种见表3-2。

表3-2　生产中常见的蛋鸭品种

名称	产地	外貌特征	生产性能
蛋用型			
绍兴鸭	浙江省	① 红毛绿翼梢公鸭全身羽毛以深褐色为主，头颈部羽、镜羽、尾羽和性羽均呈墨绿色，有光泽，喙、胫、蹼均为橘红色。母鸭全身以深褐色为主，颈部无白圈，颈上部为褐色，无麻点，镜羽为墨绿色，有光泽；腹部为褐麻色，无白色，虹彩为褐色，喙为灰黄色或豆黑色，蹼为橘黄色，爪为黑色，皮肤为黄色。② 带圈白翼梢公鸭全身羽毛为深褐色，头颈上部羽毛为墨绿色，有光泽。母鸭全身以浅褐色麻雀羽为基色，颈中间有2~4厘米宽的白色羽圈；主翼羽为白色，腹部中下部羽毛为白色；虹彩为灰蓝色，喙为豆黑色，胫、蹼为橘红色，爪为白色，皮肤为黄色	成年体重为1.35~1.5千克（公、母鸭无明显差异），开产日龄为135~145天，年产蛋量为260枚左右，平均蛋重为61~63克，蛋壳为玉白色，少数为白色或青绿色
金定鸭（彩图7）	福建省	体形较长，前躯高抬，公鸭胸宽背阔，头颈上部羽毛具有翠绿色光泽，无明显白颈圈，前胸为赤褐色，背部为灰褐色，腹部为灰白带深色斑纹，翼羽为深褐色，有镜羽，尾羽为黑褐色。母鸭体躯细长，匀称紧凑，腹部丰满，全身羽毛呈赤褐色麻雀羽，背部羽毛从前向后逐渐加深，腹部羽毛颜色较浅，颈部羽毛无黑斑，翼羽为深褐色，有镜羽。公、母鸭喙均呈黄绿色，虹彩为褐色。胫、蹼为橘红色，爪为黑色	成年鸭体重为1.5~2千克，母鸭体重为1.5~1.7千克，开产日龄为110~120天，年产蛋量为240~260枚，平均蛋重为70~72克，蛋壳以青色为主
山麻鸭	福建省	公鸭头中等大，颈秀长，眼圆大，胸较浅，躯干呈长方形；头颈上部羽毛为孔雀绿，有光泽，有白颈圈，前胸羽毛为赤棕色，腹部洁白，从前背至腰部羽毛均为灰棕色，尾羽、性羽为黑色。母鸭羽色有浅麻色、褐麻色、杂麻色3种。喙为青黄色，胫、蹼为橙红色，爪为黑色	成年体重为1.4~1.6千克（公、母鸭相似），开产日龄为110~130天，年产蛋量为250枚左右，平均蛋重为55克

（续）

名称	产地	外貌特征	生产性能
蛋用型 三穗鸭	贵州省	公鸭体躯稍长，胸部羽毛为红褐色，颈中下部有白圈，背部羽毛为灰褐色，腹部羽毛为浅褐色，颈部及腰尾部披有墨绿色发光的羽毛。母鸭颈细长，体躯近似船形，羽毛以深褐色麻雀羽居多。翅上有镜羽。虹彩为褐色，胫、蹼为橘红色，爪为黑色	成年公鸭体重为1.69千克，母鸭体重为1.68千克，开产日龄为110~130天，年产蛋量为200~240枚，蛋重为63~65克，蛋壳以白色为主，少数为青色
连城白鸭	福建省	体躯狭长，头小，颈细长，前胸浅，腹部下垂，行动灵活，觅食力强，富于神经质。公、母鸭的全身羽毛均为白色，喙为青黑色，胫、蹼为灰黑色或黑红色	成年公鸭体重为1.4~1.5千克，母鸭体重为1.3~1.4克，开产日龄为120~130天，年产蛋量为220~240枚，平均蛋重为58克，蛋壳以白色为主，少数为青色
莆田黑鸭	福建省	体形轻巧紧凑、行动灵活迅速。公、母鸭全身羽毛均是黑色，喙为墨绿色，胫、蹼为黑色，爪为黑色。公鸭头颈部羽毛有光泽，尾部有性羽，雄性特征明显	成年公鸭体重为1.68千克，母鸭体重为1.34千克，开产日龄为120天左右，年产蛋量为250~280枚，蛋重为70克，蛋壳以白色为主
云南麻鸭	云南省	公鸭胸深，体躯为长方形，头颈上半段为深孔雀绿色，有的有一白圈，体羽为深褐色，腹羽为灰白色，尾羽为黑色，翼羽常见黑绿色。母鸭胸腹丰满，全身为麻色带黄。喙为黄色，胫、蹼为橘红或橘黄色，爪为黑色，皮肤为白色	成年公鸭体重为1.58千克，母鸭体重为1.55千克，开产日龄为150天，年产蛋量为120~150枚，蛋重平均为72克，壳色有浅绿、绿、白色3种

（续）

	名称	产地	外 貌 特 征	生 产 性 能
蛋用型	宜春麻鸭	江西省宜春市	羽毛多为黄麻色或黑麻色，羽毛紧贴，喙为青铜色，其前端有一块似三角形的黑斑。眼外突、呈黑褐色，颈较短、稍粗，有的有项圈状白毛，前胸较小，背前高渐向后倾斜。全身皮肤为粉红色，跖、蹼为橘红色。体小，身狭长，体质细致紧凑，行动敏捷	成年公鸭体重为1~1.2千克，母鸭体重为0.8~1千克，开产日龄为120天左右，年产蛋量为180~200枚，最高可达250枚，平均蛋重为55克
	江南1号和江南2号	浙江省农业科学院主持培育	江南1号母鸭羽色为浅褐色，斑点不明显；江南2号母鸭羽色为深褐色，黑色斑点大而明显	成年体重为1.66千克，1号鸭500日龄产蛋数平均为306.9枚，2号鸭500日龄产蛋数平均为328枚
蛋肉兼用型	高邮鸭	江淮地区	以产双黄蛋著称。背阔、肩宽、胸深、体躯为长方形。公鸭头颈上部的羽毛为深绿色，有光泽，背、腰、胸部均为褐色芦花羽，腹部为白色，臀部为黑色，喙为青绿色，喙豆为黑色，虹彩为深褐色，胫、蹼为橘红色，爪为黑色。母鸭全身羽毛为褐色，有黑色细小斑点，如麻雀羽，主翼羽为蓝黑色，喙为青色，喙豆为黑色，虹彩为深褐色，胫、蹼为灰褐色，爪为黑色	成年公鸭体重为2.3~2.4千克，母鸭体重为2.6~2.7千克，开产日龄为110~120天，年产蛋量为140~160枚，平均蛋重为75克，蛋壳以白色为主，约占83%，青壳蛋占17%左右
	大余鸭	江西省	无白色颈圈，翼部有墨绿色镜羽。喙为青色，胫、蹼为青黄色。公鸭头、颈、背部羽毛为红褐色，少数个体头部有墨绿色羽毛。母鸭全身羽毛为褐色，有较大的黑色雀斑	成年鸭体重为2~2.2千克，开产日龄为180~200天，年产蛋量为180~220枚，平均蛋重为70克左右，蛋壳为白色

（续）

名称	产地	外貌特征	生产性能
蛋肉兼用型 — 巢湖鸭	安徽省	体形中等大小，呈长方形，结构紧凑。公鸭的头、颈上部羽毛呈墨绿色，有光泽，前胸和背、腰部羽毛为褐色，缀有黑色条斑，腹部为白色，尾羽为黑色，喙为黄绿色，虹彩为褐色，胫、蹼为橘红色，爪为黑色。母鸭体羽为浅褐色，缀黑色细条纹，呈浅麻细花型，有蓝绿色镜羽，眼上方有白色或浅黄色眉纹	成年公鸭体重为2.1~2.7千克，母鸭体重为1.9~2.4千克，开产日龄为140~160天，年产蛋量为160~180枚，平均蛋重为70克，蛋壳有白色、青色两种，其中白色占87%
文登黑鸭	山东省	全身羽毛以黑色为主，有"白嗉""白翅膀尖"特征，头呈方圆形，颈细、中等长，全身皮肤为浅黄色。虹彩为深褐色，喙以青黑色为主，深黑色较少。公鸭头颈羽毛为青绿色，尾部有3~4根性羽。蹼为黑色或蜡黄色	成年公鸭体重为1.9千克，母鸭体重为1.8千克，开产日龄为150天，年产蛋量为203~282枚，蛋重为80克，蛋壳多为浅绿色，还有浅棕色和白色
淮南麻鸭	河南省	公鸭黑头，白颈圈，颈和尾羽为黑色，白胸腹。母鸭全身为褐麻色。胫、蹼为黄红色，喙为青黄色	成年公鸭体重为1.55千克，母鸭体重为1.38千克，年产蛋量为130枚，平均蛋重为61克，蛋壳为青色

注：除表中所述品种外，蛋用型品种还有汉中麻鸭（陕西）、荆江麻鸭（长江中游地区）等；蛋肉兼用型品种有兴义鸭（贵州）、四川麻鸭、靖西大麻鸭（广西）、中山麻鸭（广东）、沔阳麻鸭（湖北）、临武鸭（湖南）、微山麻鸭（山东）、广西小麻鸭、攸县麻鸭（湖南）、恩施麻鸭（湖北）等。

【提示】
我国是世界上蛋鸭品种资源最多的国家，其中饲养量最大和范围最广的蛋鸭品种是绍兴鸭及其配套系、山麻鸭、高邮鸭和金定鸭等。

2. 肉鸭品种

常见的国内外优良肉鸭品种见表3-3。

表3-3　常见的国内外优良肉鸭品种

<table>
<tr><th>名称</th><th>产地</th><th colspan="2">外貌特征</th><th>生产性能</th></tr>
<tr>
<td rowspan="2">肉用型</td>
<td>北京鸭</td>
<td>北京西郊玉泉山一带</td>
<td>体形硕大丰满，头较大，颈粗、中等长度；体躯为长方形，前胸突出，背宽平，胸骨长而直；两翅较小，紧附于体躯两侧；尾羽短而上翘，公鸭尾部有2~4根向背部卷曲的性指羽。母鸭腹部丰满，腿粗短，蹼宽厚；喙、胫、蹼为橙黄色或橘红色；虹彩为蓝灰色。雏鸭绒毛为金黄色，称为"鸭黄"，至4周龄前后变为白色羽毛；至60日龄羽毛长齐，喙、胫、蹼为橘红色</td>
<td>成年公鸭体重为3.5~4千克，母鸭体重为3.2~3.45千克，开产日龄为150~170天，年均产蛋量为220枚。公母配种比例为1:(5~6)，种蛋受精率达90%以上，受精蛋孵化率为80%~90%。商品肉鸭45日龄体重为3.2千克，耗料增重比为2.4:1，胸肉率为13.5%</td>
</tr>
<tr>
<td>樱桃谷鸭
（彩图8）</td>
<td>英国樱桃谷公司育成，以北京鸭和埃里斯伯里鸭为亲本杂交选育而成的配套系鸭种</td>
<td>因含有北京鸭的血液，故其体形外貌与北京鸭大致相同，属北京鸭型的大型优良肉鸭品种。全身羽毛洁白，头大额宽，颈、脚粗短，背长而宽，从肩到尾倾斜，胸部宽而深，胸肌发达。喙为橙黄色，胫、蹼为橘红色</td>
<td>父母代公鸭成年体重为4~4.25千克，母鸭体重为3~3.2千克，开产日龄为172天左右，公母鸭配种比例为1:(7~8)。种蛋受精率为90%以上。父母代母鸭第一年产蛋量为210~220枚；平均蛋重为90克左右。商品代49日龄活重为3~3.5千克；料重比为(2.4~2.8):1。全净膛率为72.55%，半净膛率为85.55%，瘦肉率为26%~30%，皮脂率为28%~31%</td>
</tr>
</table>

（续）

名称	产地	外貌特征	生产性能
肉用型 天府肉鸭	四川省原种水禽场与四川农业大学家禽育种实验场共同育成	体形硕大丰满，挺拔美观。头较大，颈粗，中等长度，体躯似长方形，前躯昂起与地面成30°角，背宽平，胸部丰满，尾短而上翘。母鸭腹部丰满，腿短粗，蹼宽厚。公鸭有2~4根向背部卷曲的性指羽。羽毛丰满而洁白。喙、胫、蹼呈橙黄色	初生重为55克，商品鸭4周龄体重为1.6~1.8千克，料肉比为（1.8~2.0）:1；5周龄为2.2~2.4千克，料肉比为（2.2~2.5）:1；7周龄体重为3.0~3.2千克，料肉比为（2.7~2.9）:1。一般182天开产，76周龄入舍母鸭年产蛋为230~240枚，蛋为85~90克，受精率为90%以上
肉蛋兼用型 建昌鸭	四川省凉山彝族自治州	体长，背宽，胸丰满突出，腹较深，尾部丰满，躯干近于方形，喙、脚、蹼为橘黄色。公鸭羽毛为绿灰色，母鸭为黄麻色	成年体重公鸭为1.6千克，母鸭为1.7千克；年产蛋量为120~150枚或以上，蛋重为70克；肉鸭经短期填肥，肥肝重达350~400克
瘤头鸭型 番鸭（彩图9）	南美洲及中美洲的热带地区。番鸭以我国福建省为主产区	外貌与家鸭有明显区别，前后窄，中间宽，如纺锤状，站立时体躯与地面平行。喙基部和头部肌肉两侧有红色或黑色皮瘤，不生长羽毛，公鸭皮瘤比母鸭发达。喙较短而窄，胸宽而平，腿短而粗壮，胸、腿的肌肉很发达，翅膀长达尾部，能做短距离飞行	①白番鸭：公鸭体重为3.5~4千克，母鸭体重为2~2.2千克，180~210天开产，年均产蛋量为100~120枚，最高可产蛋160枚，蛋重为70~80克，是生产半番鸭的优良母本。②黑番鸭：体形比白番鸭小，公鸭体重为3.2千克，母鸭体重为2.1千克，年产蛋量为91枚，蛋重为75.6克
半番鸭（彩图10）	法国和我国（主要在台湾和福建）	体形外貌介于番鸭与家鸭之间，头颈中等长，体躯为长方形，前胸突出，背宽平、胸骨长基本与地面平行，喙为橘红色，蹼为橙黄色，无明显肉瘤。羽色主要有白色、黑色和黑白花3种	大型8周龄体重为3.3千克，耗料增重比为2.8:1；中型8周龄体重为2.8千克，耗料增重比为2.9:1；小型8周龄体重为1.8千克，耗料增重比为3:1

注：除表中所述品种外，肉用型品种还有枫叶鸭（美国）、丽佳鸭（丹麦）、奥白星鸭（法国）、狄高鸭（澳大利亚）等；肉蛋兼用型有昆山大麻鸭等。

【提示】

目前，国内外优良的肉鸭品种较多，其中饲养量最大和范围最广的肉鸭品种是樱桃谷鸭、北京鸭、天府肉鸭等。

二、正确合理引种

1. 从正规企业引种

引种应根据生产或育种工作的需要，确定品种类型，同时要考察所引品种的经济价值。引种渠道要正规，选择适度规模、信誉度高、有种畜禽生产经营许可证和动物防疫合格证、有足够的供种能力且技术服务水平较高的种鸭场；选择供种场时应把种鸭的健康状况放在第一位，必要时在购种前进行采血化验，合格后再进行引种；种鸭系谱要清楚；选择售后服务较好的供种场。

【提示】

种鸭场的单位名称、经营范围、许可证号等，可以登录"国家种畜禽生产经营许可证管理系统"（http://www.chinazxq.cn/index.asp）查询。

2. 引种的注意事项

（1）切忌盲目引种　尽量引进国内已扩大繁殖的优良品种，可避免从国外引种的某些弊端。引种前必须先了解引入品种的技术资料，对引入品种的生产性能、饲料营养要求要有足够的了解，如是纯种，应有外貌特征、遗传稳定性及饲养管理特点和抗病力，以便引种。

（2）注意品种适应性　选定的引进品种要能适应当地的气候及环境条件。每个品种都是在特定的环境条件下形成的，对原产地有特殊的适应能力。当被引进到新的地区后，如果新地区的环境条件与原产地差异过大，引种则不易成功。因此，引种时首先要考虑当地条件与原产地条件的差异状况，同时还要考虑能否为引入品种提供适宜的环境条件。

（3）引种渠道正规　从正规的种鸭场引种，才能确保鸭苗质量。

（4）严格检疫　绝不可以从发病区域引种，以防止引种时带进疾病。进场前应严格隔离饲养，经观察确认无病后才能入场。

（5）做好准备工作　如鸭舍、饲养设备、饲料等要准备好，饲养人员应进行技术培训。

（6）**注意引种方法**   首次引入品种数量不宜过多，引入后要先进行
1 ~ 2 个生产周期的性能观察，确认引种效果良好时，再适当增加引种数
量，扩大繁殖。引种时应引进体质健康、发育正常、无遗传疾病、未成
年的幼雏，个体可塑性强，易适应环境。引种最好选择在两地气候差别
不大的季节进行，以便使引入个体逐渐适应气候的变化。从寒冷地带向
热带地区引种，以秋季引种最好，而从热带地区向寒冷地区引种则以春
末夏初引种最适宜。

三、加强种鸭的选留

1. 蛋用种鸭的选择

（1）**种公鸭的选择**   选择要点见表3-4。

表3-4   种公鸭选择要点

选择对象	选择日龄	选 择 标 准	公母比例
雏鸭	1	外貌符合品种或品系要求，体重大小适中，叫声洪亮，眼睛明亮有神，反应灵敏，喙、胫、趾颜色鲜浓，两腿站立稳健，羽毛有光泽，腹部柔软有弹性，脐带愈合良好	1:5
青年鸭	50 ~ 60	外貌符合品种或品系要求，体质健壮，无残疾，健康无病	1:7
开产前	100 左右	外貌符合品种或品系要求，体重大小适中，眼睛明亮有神，体形紧凑，胸部发育良好	1:（12 ~ 15）

（2）**种母鸭的选择**   种母鸭初生期及青年期的选择要求与公鸭基本
相同，成年母鸭要求体重大小适中，体质健壮，羽毛紧贴且有光泽，喙
长、颈长、体长，颈细长，眼睛明亮有神，后躯宽大，尤其是腹部容积
大，且柔软有弹性，耻骨间距在3指以上。

2. 肉用种鸭的选择

（1）**种公鸭的选择**   肉用种鸭雏鸭、青年鸭选择可参考蛋用种鸭。
成年种公鸭要求头大、颈粗、背腰平直，胸腹宽扁，胸部肌肉发达，腿
粗壮，蹼厚，羽毛整洁光亮，走路昂头挺胸，交配频率高。

（2）**种母鸭的选择**   种母鸭初生期及青年期的选择要求与蛋用种母
鸭基本相同，成年母鸭要求体重大小适中，体质健壮，羽毛紧贴且有光

泽，颈较长，眼睛明亮有神，后躯宽大，尤其是腹部容积大，但不拖地。腹部柔软有弹性，耻骨间距在 3 指以上。产蛋量高，种蛋受精率和孵化率高。

【注意】

  种鸭选留必须参照品种要求、生产性能等信息，严格符合选留标准。

第四章
合理使用饲料，向成本要效益

第一节　饲料加工与利用的误区

一、饲料的分类

鸭的饲料按营养成分可分为配合饲料、浓缩饲料和添加剂预混合饲料三种，三者的区别与联系见图4-1。蛋鸭按生长阶段分为育雏期料、青年期料和产蛋期料。

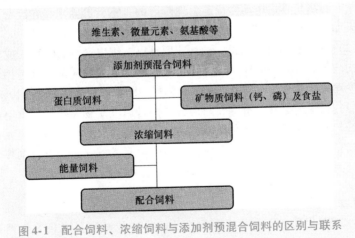

图4-1　配合饲料、浓缩饲料与添加剂预混合饲料的区别与联系

1. 配合饲料

配合饲料是根据鸭的营养需要，将多种不同饲料原料和添加剂科学地按一定比例均匀混合而成的饲料。配合饲料按照形状又分为粉状饲料和颗粒饲料，从市场购买后即可直接喂鸭。所含营养物质种类多，含量高，比例合适，能满足鸭的全部营养需要。现在市场上的鸭配合饲料多

以颗粒饲料为主，鸭对颗粒饲料的偏爱大于粉状饲料，并且饲喂颗粒饲料可以提高饲料转化率，不会产生喙或羽毛黏附粉料的问题，但价格相对于粉状饲料较高。

2. 浓缩饲料

浓缩饲料由配合饲料中除能量饲料以外的其余饲料原料配合而成，主要由蛋白质、矿物质和饲料添加剂等组成，降低了饲料的运输费用和包装费用。饲养场和养殖户用浓缩饲料加入一定比例的能量饲料（如玉米、麸皮等），即可制成营养全面的配合饲料。

3. 添加剂预混合饲料

添加剂预混合饲料是由两种（类）或者两种（类）以上营养性饲料添加剂为主，与载体或者稀释剂按照一定比例配制的饲料，包括复合预混合饲料、维生素预混合饲料、微量元素预混合饲料。

（1）复合预混合饲料　以矿物质微量元素、维生素、氨基酸中任何两类或两类以上的营养性饲料添加剂为主，与其他饲料添加剂、载体和（或）稀释剂按一定比例配制的均匀混合物。其中，营养性饲料添加剂的含量能够满足其适用动物特定生理阶段的基本营养需求，在配合饲料中的添加量为 0.1%～10%。

（2）维生素预混合饲料　两种或两种以上维生素与载体和（或）稀释剂按一定比例配制的均匀混合物，其中维生素含量应满足其适用动物特定生理阶段的维生素需求，在配合饲料中的添加量为 0.01%～10%。

（3）微量元素预混合饲料　两种或两种以上矿物质微量元素与载体和（或）稀释剂按一定比例配制的均匀混合物，其中矿物质微量元素含量能够满足其适用动物特定生理阶段的微量元素需求，在配合饲料中的添加量为 0.1%～10%。

【提示】

鸭场若有饲料加工设备，可以从信誉好的厂家购进预混合饲料，既可省去购买维生素和微量元素的麻烦，而且配出的饲料质量也有保障。

二、评价配合饲料的误区

1. 重名牌，认为价格贵的饲料好

有的养鸭户为了提高生产性能，不论市场行情如何，总喜欢使用知名厂家的饲料。虽然绝大部分名牌饲料的质量比较稳定，但因价格高，生产成本也会增加。有些厂家虽然知名度一般，但饲料品质也不错，最好根据品牌、价格、应用效果、口碑及售后服务等来选择。

2. 盲目轻信厂家的宣传

2018 年全国万吨规模以上饲料生产厂达 3742 家，一些公司喜欢炒作概念，如生物肽、活性蛋白修饰物质、基因技术产品、纯天然超临界提取物、纳米技术产品、蜂胶、深海鱼油、未知促生长因子等，作用效果未得到充分证实，有些仅仅停留在实验室研究阶段，欺骗养殖户，夸大产品的效果，到最后吃亏上当的仍是养殖户自己。

3. 过于关注饲料的颜色

饲料公司的产品会根据市场原料品质和价格进行实时调整，从而确保产品物美价廉。但大宗原料的改变，经常会使产品感官发生变化，如产自阿根廷、巴西和美国的大豆，会因压榨工艺不同而使豆粕成品有色差。颜色发生变化往往不被终端养殖户所接受，这使得饲料公司产品不能根据市场原料波动进行及时调整，最终遭受损失的是养殖终端。其实，只要饲料公司品管体系完善，严格按照标准执行，产地不同导致的原料色差并不影响饲料成品质量。因此，成品颜色的正常变化不能作为判断饲料好坏的严格标准，依靠感官来判定饲料品质，不够全面和客观。

4. 把标签标注的分析保证值作为评价饲料好坏的标准

饲料标签是以文字、图形、符号等说明饲料产品质量、使用方法及其他内容的一种信息载体，用于规范饲料企业对成品的说明，是饲料企业对自己生产产品的一种承诺，已成为评价产品质量是否合格的重要依据之一。在营养成分分析保证值表格中表明营养成分及其添加最低保证含量，对于有添加上限的成分则标明添加范围值。不同品种、生长阶段、饲养环境，机体对各种营养成分需求量也有所不同，因此，不能仅从分析保证值来判断饲料品质的好坏。如标签上标注的粗蛋白质水平，仅仅代表了饲料中粗蛋白质最低含量，其氨基酸组成是否平衡，消化吸收率高低才是评价饲料品质的关键。如同为蛋白质饲料的羽毛粉、豆粕、鱼粉，虽然羽毛粉的粗蛋白质水平明显高于鱼粉和豆粕，但其吸收率却明显低于后者。

5. 以外包装好坏作为判断饲料好坏的标准

外包装的精细和精美程度可以反映一个企业做产品的用心程度，但饲料产品本质是生产资料，需要具备最佳的投入产出比，外包装在不影响仓储和运输，不引起破包或者吸潮的前提下，对产品品质本身并无直接影响，只是给了使用者愉悦的感受，但包装袋需要成本，企业的所有生产成本都要分摊到成品上。现在越来越多的规模场开始使用散装料，一定程度上降低了养殖成本，提高了养殖效益，因此，外包装不能作为判断饲料好坏的严格标准。当然包装太差，影响使用也不可取。

【提示】

评价饲料的好坏不能仅凭厂家宣传、外包装、饲料标签、饲料颜色等判断，养鸭户可以通过调查了解和实际使用效果，选择几家产品作对比，根据料蛋比或料肉比的高低选出质量较好、价格适中的饲料，以降低成本。

三、加工配合饲料的误区

1. 不注意饲料粒度对吸收率的影响

许多养鸭户在购买浓缩饲料、预混合饲料配制配合饲料时，担心鸭消化不良，将玉米等原料粉碎过细，岂不知如此会影响鸭的消化吸收率。与粗粉碎玉米相比，细粉碎玉米能够提高家禽的体重、饲料转化率等，但在实际生产中过细粉碎的饲料原料不仅会降低饲料产量和增加加工成本，而且对家禽的生产性能和健康也不利。

2. 认为饲料原料的添加无顺序

配合饲料的加料程序为：配比量大的组分先加入，少量或微量组分后加入；粒度大的料先加入，粒度小的料后加入；容重小的料先加入，容重大的料后加入；液体料应在粉料全部进入混合机后再喷加。

3. 认为饲料混合的时间越长越好

饲料混合时间的长短、混合速度的快慢，主要由混合机的机型及设备本身制造精密的高低决定。一般而言，卧式混合机混合均匀所需要的时间相对短些，立式混合机则需时长些。此外，混合时间的长短还取决于原料的类型及其物理特性等其他因素。一般卧式混合机混合 3～7 分钟，立式混合机混合 8～15 分钟，不要过度混合。饲料混合时间过短，混合不均匀；混合时间过长，物料在混合机中被过度混合会造成分离，影响质量且增加能耗。

【提示】

　　配合饲料加工要考虑饲料原料类型、消化吸收率、加工设备等因素，应科学选择饲料原料的加工粒度、添加顺序及混合时间。

四、饲料配制的误区

1. 未参照鸭的饲养标准进行配制

养殖户配制鸭的日粮，应以鸭饲养标准为依据，这是保证日粮科学性的前提。同时，要考虑到鸭对主要营养物质的需求，结合鸭群生产水平和生产实践经验，对饲料标准中的某些营养指标给予适度调整。

2. 未充分考虑鸭的消化生理特点

鸭肠道相对较短，对饲料中粗纤维的消化利用率较低，若日粮中粗纤维含量过高，不但会增加饲料的容积，影响能量、蛋白质、矿物质、维生素的摄入，还会影响对这些营养物质的消化和吸收。一般情况下，鸭配合饲料中粗纤维的含量应低于6%。

3. 未充分利用当地饲料资源

饲料占生产成本的比例较大，可达70%左右，配合日粮时要充分掌握当地的饲料来源情况和原料价格特点，因地制宜，充分开发和利用当地的饲料资源，选用营养价值较高且价格较低的饲料原料，配出质优价廉的全价日粮，适度降低配合饲料的成本。

4. 饲料原料未实现多样化

各类饲料的营养成分不同，配合饲料时如果饲料品种单一，很难保证营养全面，因此，尽可能多选择几种饲料配合，营养上相互补偿，有利于提高日粮消化率和营养物质的利用率。

5. 饲料适口性不佳

日粮中高粱、菜籽饼等含量过高时会影响鸭的适口性，禁止使用霉变和被污染的饲料，对含有毒害物质的饲料（如棉籽饼、菜籽饼）要脱毒和限量饲喂。

6. 饲料混合不均匀

配制饲料时，各种成分一定要混合均匀细致，特别是维生素、

微量元素、氨基酸等添加剂，使用量原本就很小，若混合不均匀，便不能发挥应有的作用，有时还会造成危害，甚至导致食品安全问题。

7. 对饲料安全性重视不够

饲料要清洁、卫生、无异物，更不能有病原微生物污染，否则，不但影响饲料的利用率，还会导致产品安全问题。因此，配制鸭日粮时选用的饲料原料，包括饲料添加剂在内，其品质、等级必须经过严格细致的检测，过关后方可使用。

【提示】

　　配合饲料要严格按照饲养标准或生产实践来配制，充分考虑鸭消化生理特点，保证饲料原料多样化、适口性好、混合均匀、饲料安全。

五、饲喂误区

1. 认为饲料形状与生产性能关系不大

鸭的饲料有粉料、颗粒破碎料或颗粒料等。粉料最易生产且成本较低，但鸭易挑食造成饲料浪费。而应用颗粒料或颗粒破碎料，鸭则无法挑食，获得的营养成分较为全面，可以减少饲料浪费。饲喂颗粒料生长速度快，饲料报酬高、商品率高，可以提高瘦肉率。

2. 未将饲喂方法与生产目的紧密结合

鸭的饲喂方法关系到鸭群的体质、食欲、采食量、生产率和饲料的利用率，应根据不同品种鸭的生产性能和生长阶段采用相应的饲喂方法，以取得较好的饲养效果。如控制饲喂可以养成条件反射，保持鸭的食欲，减少饲料浪费等，但定时、多次喂料花费劳力较多，在料槽不足的情况下易造成强弱和生长不匀现象；自由采食可减少饲喂工序，保持鸭群安静，采食均匀，可使雏鸭或商品肉鸭生长快且均匀，但对青年鸭或产蛋鸭，易造成过肥；限制饲喂可以有意识地控制鸭的喂料量、饱喂水平，但主要用于种鸭饲养。

3. 未按生产阶段供给适宜的饲喂量

鸭在不同的产蛋期或饲养阶段，喂料量也不相同（表4-1），正确把握不同时期的喂料量对整个养殖生产和养殖效益具有极其重要的作用。

表4-1 不同日龄商品肉鸭（樱桃谷）日采食量和体重

日龄	采食量/克	体重/克	日龄	采食量/克	体重/克	日龄	采食量/克	体重/克
1	3	55	15	135	640	29	236	2140
2	9	70	16	143	720	30	244	2260
3	16	90	17	148	810	31	251	2375
4	26	110	18	154	910	32	259	2490
5	39	130	19	161	1010	33	266	2600
6	49	155	20	168	1120	34	274	2700
7	61	180	21	174	1230	35	282	2800
8	68	210	22	191	1330	36	286	2900
9	76	250	23	196	1440	37	290	3000
10	97	310	24	203	1550	38	294	3095
11	105	350	25	210	1660	39	297	3190
12	117	410	26	217	1780	40	300	3280
13	123	475	27	222	1900	41	304	3435
14	132	506	28	229	2020	42	309	3500

4. 突然换料

鸭饲喂至某阶段，由于其营养需要发生变化，必须更换饲料。有些养殖户突然更换饲料品种，将原饲料全部换成新饲料，导致应激增多，采食减少，生长缓慢，肠胃不适，患病增多。生产实践中，若必须换料，需要逐步过渡，一般过渡期前3天，1/3新饲料加2/3原饲料，后3天，2/3新饲料加1/3原饲料，从而使鸭顺利完成饲料更换。

第二节　提高饲料利用率的主要途径

一、正确了解鸭常用饲料原料

1. 能量饲料

常用能量饲料（图4-2）的优缺点及用量见表4-2。

表4-2　常用能量饲料的优缺点及用量

饲料名称	优　点	缺　点	日粮占比（%）
玉米	可利用能量高，粗纤维少，消化率高，适口性好；脂肪含量高于其他籽实类饲料，且脂肪中不饱和脂肪酸含量高	蛋白质含量较低，为7.2%~9.3%，平均为8.6%；缺乏赖氨酸、蛋氨酸和色氨酸，钙、磷及B族维生素含量较低；因粉碎后，易酸败变质，不易长期保存	50~70
大麦	蛋白质含量为11%，代谢能为玉米的77%，氨基酸中除亮氨酸和蛋氨酸外，其他含量均高于玉米，含有丰富的B族维生素和赖氨酸	利用率低于玉米，适口性较差，粗纤维含量高	中雏鸭和后备母鸭15~30；蛋鸭10
小麦	适口性好，蛋白质含量较高，为13%，代谢能约为玉米的90%，B族维生素含量丰富	赖氨酸和苏氨酸含量低，粗脂肪和粗纤维含量也较低，含胶质，磨成细粉状湿水后会结成糊状而粘口，影响采食，还会在嗉囊中形成团状物质，易滞食	10~25
高粱	淀粉含量与玉米相仿，能量稍低于玉米，蛋白质含量略高于玉米	品质较差，消化率低，脂肪含量低于玉米，赖氨酸、蛋氨酸和色氨酸含量低；含有单宁，适口性差	5~15
稻谷	蛋白质含量低（仅8.3%左右）	粗纤维含量高（可达8.5%以上），代谢能水平低（仅11兆焦/千克）	10~15日龄以上，10
糙米和碎米	代谢能水平和蛋白质含量与玉米籽粒相近，易消化	维生素含量低、氨基酸不平衡	30~50
麸皮	蛋白质含量高，达12.5%~17%，粗脂肪含量高，各种氨基酸均好于玉米，营养成分较为均衡，富含B族维生素，适口性好，有轻泻作用	苏氨酸含量低，粗纤维含量偏高，含钙量小	3~20

（续）

饲料名称	优　点	缺　点	日粮占比（%）
油脂	植物油代谢能为 34.3 ~ 36.8 兆焦/千克，动物脂代谢能为 29.7 ~ 35.6 兆焦/千克	易导致体重超标	1 ~ 2

注：块根、块茎及瓜果类，包括马铃薯、甘薯、木薯、胡萝卜、甜菜、南瓜等，含水量在 70% 以上，饲用与保存都不方便，故加工晒干再粉碎后使用。块根、块茎含淀粉多，蛋白质低，矿物质少。黄色的块根、块茎含胡萝卜素较多，其他 B 族维生素大致与谷物相同。

玉米　　　　　　　麸皮　　　　　　　高粱

图 4-2　常用能量饲料

【小知识】

　　能量饲料主要成分是碳水化合物，用于提供鸭所需的能量。粗纤维含量低于 18%，粗蛋白质含量低于 20%，包括谷物类、糠麸类、块根块茎类、槽渣类和薯类等，是鸭用量最多的一类饲料，占日粮的 50% ~ 80%。

2. 蛋白质饲料

（1）动物性蛋白质饲料　　常用动物性蛋白质饲料的优缺点及用量见表 4-3。

表 4-3　常用动物性蛋白质饲料的优缺点及用量

饲料名称	优　点	缺　点	日粮占比（%）
鱼粉	蛋白质含量高，为 50% ~ 65%，粗脂肪含量为 4% ~ 10%，富含赖氨酸、蛋氨酸、色氨酸及 B 族维生素，食盐含量高，钙、磷含量丰富，比例适宜	精氨酸含量较少，国产鱼粉盐的含量偏高和易受沙门菌污染	10 ~ 12（国产），5 ~ 7（进口）

（续）

饲料名称	优 点	缺 点	日粮占比（%）
肉骨粉	蛋白质含量为50%~60%，钙、磷和赖氨酸含量较高，且比例适宜，富含B族维生素，含有大量的锰	蛋氨酸和色氨酸含量低，粗脂肪含量较高，易腐败变质	雏鸭<5，成鸭为5~10
蚕蛹	蛋白质含量高，为60%左右，蛋氨酸、赖氨酸和色氨酸含量较高	脂肪含量高，精氨酸含量较低，有腥臭味，多喂会影响产品味道；1月龄内的雏鸭不宜使用，易引起腹泻	1月龄以上10，产蛋鸭15
血粉	蛋白质含量在80%以上，富含赖氨酸、精氨酸和铁	有腥味，黏性大，会黏着鸭喙，影响采食，适口性差，氨基酸不平衡	<3
羽毛粉	蛋白质含量高，达80%以上，胱氨酸含量高，异亮氨酸次之	蛋氨酸、赖氨酸、组氨酸、色氨酸含量均低，氨基酸极不平衡	<5

（2）植物性蛋白质饲料　常用植物性蛋白质饲料的优缺点及用量见表4-4。

表4-4　常用植物性蛋白质饲料的优缺点及用量

饲料名称	优 点	缺 点	日粮占比（%）
大豆饼（粕）	蛋白质含量高，为40%~48%，赖氨酸和B族维生素含量丰富	缺乏维生素A和维生素D，含钙量也不足；生大豆含有抗胰蛋白酶，影响营养物质的消化吸收	10~30
花生饼（粕）	蛋白质含量为40%~48%，适口性好，硫胺素、烟酸、泛酸含量高	脂肪含量偏高，易发生霉变，产生黄曲霉毒素	<4
菜籽饼（粕）	蛋白质含量为35%~38%，介于大豆饼（粕）与棉籽饼（粕）之间，富含蛋氨酸	赖氨酸、精氨酸含量低；含有芥酸、硫代配糖体、芥子酶及单宁，会产生有毒物质，需经去毒才能作为鸭饲料	5

（续）

饲料名称	优　点	缺　点	日粮占比（%）
棉籽饼（粕）	蛋白质含量为33%~44%	赖氨酸不足，蛋氨酸含量也低，精氨酸含量过高，且含棉酚等有毒成分	3~7，产蛋高峰<9
葵花籽饼（粕）	蛋白质含量在40%左右，粗脂肪含量不超过5%，蛋氨酸含量高于大豆饼	粗纤维常在13%左右，赖氨酸含量不足	3~5
芝麻饼（粕）	蛋白质含量在40%左右，含蛋氨酸特别多	赖氨酸含量不足，精氨酸含量过高	<10
亚麻籽饼（粕）	蛋白质含量为33%~36%，精氨酸含量很高	适口性差，代谢能低，赖氨酸含量不足，蛋氨酸含量也较低，温水浸泡可产生氢氰酸	生长鸭和母鸭5~10

【小知识】

　　粗蛋白质含量大于20%、粗纤维小于18%的饲料为蛋白质饲料。其中以大豆饼（粕）最好，菜籽饼和棉籽饼含有有毒物，用前要脱毒处理，严格限制用量；花生饼易被黄曲霉菌污染，造成黄曲霉毒素中毒，应妥善保管。

3. 矿物质饲料

常用矿物质饲料的优缺点及用量见表4-5。

表4-5　常用矿物质饲料的优缺点及用量

饲料名称	优　点	缺　点	日粮占比（%）
贝壳粉	含有94%的碳酸钙（38%的钙），可加工成粒状和粉状两种，粗细各半混用，补钙效果更佳	吸收率低	雏鸭1，成年鸭5~7
肉骨粉	钙、磷含量丰富，约为32%和14%，比例适当	品质差异较大	1~3

（续）

饲料名称	优 点	缺 点	日粮占比（%）
石粉	含钙量高，达38%，价格低廉	注意铅、汞、砷和氟的含量，不能超出安全范围	生长鸭0.5~1，产蛋鸭4~8.5
磷酸氢钙	含钙23.2%，磷18.5%	注意含氟量不能超过0.2%	2~3
食盐	钠和氯的来源，植物性饲料缺钠和氯，必须额外补充	用量过大易中毒	0.3~0.37

4. 维生素饲料

鸭的日粮中必须添加维生素，目前应用较多的是禽用多种维生素添加剂。各种牧草、青绿饲料和干草粉含有丰富的维生素，是很好的维生素饲料。因此，在不使用维生素添加剂时，可喂些青绿饲料。

青绿饲料包括幼嫩的栽培牧草（如紫花苜蓿、三叶草等）、蔬菜类（白菜、萝卜等）、野草和水生饲料，含有丰富的维生素、矿物质，蛋白质含量中等，易于利用。粗纤维含量较高。适量使用，有助于防止鸭啄癖。其在蛋鸭饲养中只能作为辅助饲料使用，用量应当严格控制，一般用量占精料量的20%~30%。用前应经切碎或打浆处理，以提高其适口性和消化率。

【小知识】

我国传统养鸭都是以青绿饲料补充维生素的不足，规模化养鸭场主要使用维生素添加剂，包括人工合成的各种单项维生素及复合维生素。

5. 饲料添加剂

饲料添加剂能提高饲料利用率，完善饲料营养价值，促进鸭产蛋、促生长和防治疾病，减少饲料在储存期营养物质损失，提高适口性，增进食欲，改进产品品质等。

（1）营养性添加剂

1）微量元素添加剂。主要补充饲料中微量元素的不足，有单一或复合两类。一般饲料中的含量不计，常用无机盐以添加剂的形式补充于饲料。常用的微量元素添加剂见表4-6。

表4-6　常用的微量元素添加剂

微量元素	添加剂名称	微量元素	添加剂名称
钠	氯化钠、硫酸钠、磷酸二氢钠	锰	氯化锰、氧化锰、硫酸锰、碳酸锰
镁	硫酸镁、氧化镁、氯化镁	碘	碘化钾、碘化钠、碘酸钾
铜	氯化铜、硫酸铜	钴	氯化钴
锌	氧化锌、氯化锌、碳酸锌、硫酸锌	硒	亚硒酸钠
铁	柠檬酸亚铁、富马酸亚铁、乳酸亚铁、硫酸亚铁、氯化亚铁、氯化铁		

2）氨基酸添加剂。主要有 DL-蛋氨酸、L-赖氨酸及硫酸盐或盐酸盐、L-苏氨酸、L-色氨酸、L-精氨酸、甘氨酸和 L-酪氨酸等添加剂。配合饲料时，根据鸭的饲养标准及饲料中的含量，利用人工合成的氨基酸来补充鸭的营养需要，从而提高饲料蛋白质的营养价值，减少饲料浪费，提高经济效益。常规鸭日粮中氨基酸添加量为 0.7%~1.2%。

3）维生素添加剂。主要用来补充饲料中维生素的不足，有单一制剂，也有复合制剂，可根据饲养标准和产品说明添加。具体应用时，还要根据日粮组成、饲养方式、鸭的日龄、健康状况、应激与否等适当添加。用量通常占配合饲料的 0.1% 或加辅料时添加 0.5%~1%。

（2）非营养性添加剂

1）防霉剂。如甲酸、甲酸铵、甲酸钙、乙酸、双乙酸钠、丙酸、丙酸铵、丙酸钠、丙酸钙、丁酸、丁酸钠、乳酸、苯甲酸、苯甲酸钠、山梨酸、山梨酸钠、山梨酸钾、富马酸、柠檬酸等，主要作用是防止饲料发生霉变。

2）抗氧化剂。如二丁基羟基甲苯（BHT）、丁基羟基茴香醚（BHA）、乙氧基喹啉、没食子酸丙酯等，可以防止脂溶性维生素和脂肪被氧化而酸败，一般添加量为 0.01%~0.05%。

3）酶制剂。包括消化酶类和非消化酶类。消化酶主要有淀粉酶、脱支酶、蛋白酶、脂肪酶等，用于补充鸭自身消化酶分泌不足；非消化酶以纤维素酶、半纤维素酶、植酸酶等为主，能促使饲料中某些营养物

质或抗营养因子降解。除植酸酶外，主要以复合酶制剂的形式应用。复合酶制剂通常以纤维素酶、木聚糖酶和 β-葡聚糖酶为主。

4）多糖和寡糖类。如低聚木糖、低聚壳聚糖、甘露寡糖、果寡糖等，可以提高对营养物质的利用率，改善肠道菌群平衡。

5）微生态制剂。利用正常微生物或促进微生物生长的物质制成的活的微生物制剂。具有调节肠道微生物菌群，快速构建肠道微生态平衡的功效，能明显改善鸭生产性能、免疫器官指数、血液生化指标、肠道菌群及组织学结构完整性。常用的微生态制剂有地衣芽孢杆菌、枯草芽孢杆菌、两歧双歧杆菌、粪肠球菌、屎肠球菌、乳酸肠球菌、嗜酸乳杆菌等。

6）中药添加剂。把我国传统中草药的四性、五味和中兽医理论有机结合，在饲料中添加一些具有益气健脾、消食开胃、补气养血、滋阴生津、镇静安神等扶正祛邪和调节阴阳平衡的中草药，如党参、白术、茯苓、六神曲等按1%混饲，可以提高饲料利用率和产蛋率。

【注意】

自2020年1月1日起，退出除中药外的所有促生长类药物饲料添加剂品种。

7）着色剂。如 β-胡萝卜素、辣椒红、β-阿朴-8'-胡萝卜素醛、叶黄素、天然叶黄素、角黄素、柠檬黄素、虾青素及30%玉米蛋白粉（DDGS）等。

8）其他。如大蒜素、啤酒酵母培养物、啤酒酵母提取物、啤酒酵母细胞壁、糖萜素等。

【注意】

饲料添加剂用量极少，用时必须混合均匀，否则易发生营养缺乏或采食过量而中毒。应存放在干燥、阴凉、避光处，且开包后尽快用完。

二、科学加工饲料

1. 粉碎

指将各种原料粉碎成粉末状。粉碎过细，鸭采食不方便；粉碎太粗，不容易混匀。谷实类饲料是鸭的基本饲料，特别需要合理地加工调制。

谷实类、豆类、油饼类可加工成粉后，配合其他饲料喂鸭。各种干叶和优质青干草都应粉碎得细些，以提高利用率。

2. 拌湿

根据鸭喜吃湿料的习性，可将配合好的混合饲料加入切碎的青饲料，加水拌成半干半湿状喂鸭。用煮熟的甘薯和稀粥调成糊状喂鸭，不但可以提高适口性，还可减少饲料的浪费。

3. 浸泡

指将外皮坚硬的谷实类饲料，加水浸泡至膨胀、变软，然后捞起喂鸭，以增加适口性，也有利于鸭的吞咽和消化。如喂雏鸭的碎米和初次投喂育成鸭的谷粒，均应当浸泡后饲喂。

4. 蒸煮

鸭的饲料一般以生喂为好，因为饲料在加热过程中会破坏其中的消化酶和大部分维生素，还消耗燃料和人力。但也有的饲料蒸煮后，可增进口味，增加鸭的食欲，并容易消化，如薯类饲料，煮熟后便于和其他饲料混合，也能改善饲料的适口性。

5. 切碎或打浆

青绿多汁的块根、块茎饲料，切碎、擦丝或打浆，与其他饲料混拌在一起喂鸭，能提高鸭的食量和饲料利用率。尤其是在雏鸭阶段应将青绿饲料切成细丝，以增加其采食量。

6. 焙炒

焙炒的温度比蒸煮还高，可使饲料的淀粉转化为糊精而发出香味，增进鸭的食欲，同时，对饲料也起到消毒灭菌作用。菜籽饼经焙炒后可提高饲用价值。

7. 发芽

谷实类饲料经浸泡一夜后，放在温度为 20~27℃、光线较暗的地方发芽，可使其中的淀粉糖化，蛋白质溶性增加，增加适口性和增加维生素 B 的含量。

8. 发酵

向干粉料内加 1.5 倍的水及 1.5% 酵母，经充分搅拌后，放在 20~27℃下，经过 6 小时的发酵，使酵母细胞数量增加 13~17 倍，并含有丰富的维生素。在饲料中加入 25% 的发酵饲料，能增加鸭产蛋量，提高种蛋受精率和孵化率，对雏鸭有促进生长发育的作用。但有的试验证明，发酵后的饲料中有机质损失 11%~25%。

9. 颗粒料

将配合饲料的原料粉碎、混合、搅拌，加水湿润，再压制成颗粒状，可提高饲料营养成分的均匀性、全价性，避免鸭择食，减少饲料浪费，也有利于保持鸭体和水源清洁。因为用湿粉料喂鸭，粉料常常黏附在鸭体上。机械加工的颗粒料可将饲料利用率提高5%。

【提示】

　　饲料加工方法的选择，应根据鸭的饲养阶段、生产用途、饲养方式及使用便利性等来确定。

三、科学配制日粮

1. 配制原则

（1）营养全面　配制日粮时，必须以鸭的饲养标准为基础，结合生产实践经验，对标准进行适当的调整，以保证日粮的全价性；同时，注意饲料的多样化，做到多种饲料原料合理搭配，以充分发挥各种饲料的营养互补作用，提高日粮中营养物质的利用率。

（2）经济原则　选择饲料时应考虑经济原则，尽量选用营养丰富、价格低廉、来源方便的饲料进行配合，注意因地制宜、因时制宜，尽可能发挥当地饲料资源优势。

（3）适口性　配制饲料须考虑鸭的消化生理特点，选用适宜的原料，注意日粮品质和适口性，忌用有刺激性异味、霉变或含有其他有害物质的原料配制日粮。日粮的粗纤维含量不能过高，一般不宜超过6%，否则会降低饲料的消化率和营养价值。

（4）稳定性　所选用的饲料应来源广而稳定，日粮也要保持相对稳定。若确需改变，应逐渐更换，最好有1周的过渡期，以免影响食欲，降低生产性能。配制日粮必须混合均匀，加工工艺合理。

2. 配制方法

日粮配制的方法有试差法、联立方程法、线性规划法等，使用较多的是试差法。试差法是先列出养分含量和鸭的营养需要；从满足能量和蛋白质需要开始（再考虑钙磷含量比例，最后考虑微量元素及维生素含量），设计出初步配方，并计算出各种营养成分的和；然后再与标准对比，逐步地对配方进行适当调整，直到符合要求为止。有条件的鸭场可采用电脑配方软件进行设计。以试差法为例，利用玉米、麸皮、豆粒、鱼粉、磷酸氢钙、石粉等原料为产蛋前期蛋鸭配制饲料。配制步骤如下：

【提示】

试差法设计时，为简便运算，可采用 Excel 工作表来计算。

（1）列出饲料养分含量和蛋鸭的营养需要 产蛋前期蛋鸭营养需要和所用饲料原料的营养成分含量，分别见表4-7、表4-8。

表4-7 产蛋前期蛋鸭的营养需要

代谢能 /（兆焦/千克）	粗蛋白质（%）	钙（%）	有效磷（%）	蛋氨酸＋胱氨酸（%）	赖氨酸（%）
11. 29	19. 5	0. 90	0. 42	0. 65	0. 72

表4-8 所用饲料原料的营养成分含量

饲料	代谢能 /（兆焦/千克）	粗蛋白质（%）	钙（%）	有效磷（%）	蛋氨酸＋胱氨酸（%）	赖氨酸（%）
玉米	13. 56	8. 7	0. 02	0. 05	0. 38	0. 24
麸皮	6. 82	15. 7	0. 11	0. 32	0. 55	0. 63
高粱	12. 30	9. 0	0. 13	0. 09	0. 29	0. 18
豆粕	11. 30	44. 2	0. 33	0. 16	1. 24	2. 68
鱼粉	11. 80	60. 2	4. 04	2. 90	2. 16	4. 72
磷酸氢钙			23. 29	18. 00		
石粉			35. 84	0. 01		

【提示】

表中饲料营养成分含量可以由中国饲料成分及营养价值表（第31版）查出，或登录中国饲料数据库（http://www.chinafeeddata.org.cn/）查询。

（2）初拟配方 根据实践经验，初步拟定饲粮中各种饲料的比例。蛋鸭日粮中各类饲料的比例一般为：能量饲料 50%～60%，蛋白质饲料5%～30%，矿物质饲料等 3%～3.5%（其中维生素和微量元素预混合饲

料一般各为0.5%）。初拟配方后计算出各种营养的和，再与标准量对比，在配方中可以先留出2%~3%的饲料量，作为某种营养不足时的补充（表4-9）。

表4-9 配方预算结果

饲料	配比 （%）	代谢能／ （兆焦/千克）	粗蛋白质 （%）	钙 （%）	有效磷 （%）	蛋氨酸＋胱氨酸 （%）	赖氨酸 （%）
玉米	51	6.9156	4.437	0.0102	0.0255	0.1938	0.1224
麸皮	13	0.8866	2.041	0.0143	0.0416	0.0715	0.0819
豆粕	26	2.938	11.492	0.0858	0.0416	0.3224	0.6968
高粱	5	0.615	0.45	0.0065	0.0045	0.0145	0.009
鱼粉	2	0.236	1.204	0.0808	0.058	0.0432	0.0944
合计	97	11.5912	19.624	0.1976	0.1712	0.6454	1.0045
标准		11.29	19.5	0.8	0.42	0.65	0.72
相差		0.3012	0.124	-0.6024	-0.2488	-0.0046	0.2845

（3）**调整饲料的用量** 从表4-9可以看出，能量、粗蛋白质基本符合要求［允许误差为±（1%~5%）］，也可以继续调整使其完全符合标准为止。

（4）**计算矿物质饲料和氨基酸的用量** 根据配方计算得知，饲料中钙含量比标准低0.6024%，磷低0.2488%，因磷酸氢钙中含有钙和磷，因此，先用磷酸氢钙来满足磷，需磷酸氢钙0.2488%÷18%（磷酸氢钙中磷的含量）=1.38%。1.38%磷酸氢钙可为日粮提供钙1.38%×23.29%（磷酸氢钙中钙的含量）=0.32%，钙还差0.6024%-0.32%=0.2824%，可用含钙35.84%的石粉来补充，约需0.2824%÷35.84%=0.79%。

此外，蛋氨酸＋胱氨酸比标准低0.0046%，可以用蛋氨酸添加剂直接补充。

 【小经验】

> 市售的赖氨酸为L-赖氨酸盐酸盐（98.5%），盐酸盐中赖氨酸含量为80%，因此，赖氨酸实际含量为78.8%（98.5%×80%=78.8%）。假如赖氨酸比标准低0.0969%，则赖氨酸补充量为0.0969%÷78.8%=0.12%。

食盐可设定用量为 0.37%，维生素添加剂、微量元素添加剂用量为 0.46%，不足 100% 时可用玉米或麸皮（或添加剂）补齐，一般情况下，在能量饲料调整不大于 1% 时，对饲粮中能量、蛋白质等指标引起的变化不大，可忽略不计。

（5）列出饲料配方及主要营养指标

1）饲料配方。玉米 51%、麸皮 13%、豆粕 26%、高粱 5%、鱼粉 2%、磷酸氢钙 1.38%、石粉 0.79%、食盐 0.37%、维生素添加剂和微量元素添加剂 0.46%，合计 100%。

2）营养指标。代谢能 11.59 兆焦/千克、粗蛋白质 19.62%、钙 0.80%、磷 0.42%、赖氨酸 1.0045%、蛋氨酸 + 胱氨酸 0.65%。

第五章
精准饲养种鸭，向繁殖要效益

第一节　种鸭管理与利用的误区

一、种公鸭饲养管理误区

1. 未对公、母鸭分群饲养

生产实践中，一些鸭场为片面追求产蛋初期的产蛋率，盲目提高育成后期日粮的蛋白质水平，产蛋期光照时间过长或增加光照时间过快，造成母鸭提前开产。公鸭因混养在一起造成过肥，导致爬跨困难，使母鸭的受精率降低。进入育成期后，应将公、母鸭分开饲养，公鸭放养，提高其运动量，增强体质，在配种的 20 天前再放回母鸭群中。

2. 对腿病重视不够

正常的脚趾对公鸭交配极其重要（尤其是中趾），当脚趾发炎肿痛或变形时，会使种公鸭不能爬跨于母鸭背上，从而影响公鸭的交配动作。因此，饲养管理过程中应减少各种应激，管理好垫料和运动场等，防止公鸭因外伤和葡萄球菌感染等而引起跛行或脚趾弯曲变形。

3. 不合格公鸭淘汰不及时

公鸭跛足、有生理缺陷及患病时，其配偶不愿与其他公鸭交配，易造成受精率下降。因此，产蛋后期随着种公鸭的性欲降低，应及时采取替换部分公鸭的方案，确保种蛋的受精率。在决定是否淘汰时，一定要对公鸭的精液品质进行检查，同时了解配种前的体重和体况记录，以免出现错误，造成经济损失。

4. 公母比例与配种年龄不当

种鸭群中的公母比例合理与否，关系到种蛋的受精率。公鸭过少时影响受精率，过多会引起争配也会使受精率降低。公鸭一般以 10 ～ 12 月龄配种较适宜。配种年龄太小，受精率低，同时影响小公鸭的生长发育，

损害其健康；配种年龄太大，配种能力减弱，受精率也会降低。

二、种母鸭饲养管理误区

1. 追求提前开产

有的养鸭户为追求提前开产、初产蛋重和产蛋高峰提前，在产蛋初期即迅速增加饲料量，岂不知如此会影响整个产蛋期的经济效益。开产日龄过早，加之初产蛋重过大，会造成难产或脱肛。一般母鸭在 21～22 周龄开始产蛋，产蛋后应根据母鸭的体重情况按每周增加 5～10 克的幅度加料。

2. 在水中时间过长

鸭是水禽，每日适时放入水中，有利于健康和促进产蛋，但许多养鸭户往往大清早就将鸭放入水中，且不注意适时收鸭，任其全天浸泡于水中，既消耗大量体力，又因其整天在运动场及水中接受光照，对其性腺的正常发育极为不利，影响其产蛋。

3. 光照时间过长

产蛋鸭每天应保证 14～16 小时的光照，而有的养鸭户从傍晚至天明持续强光照明，每天光照时间大大超过正常值，严重影响蛋鸭休息，致使鸭群长期疲劳，繁殖机能下降。

4. 饲养密度过大

蛋鸭舍适宜的饲养密度为 6～8 只/米^2，但有的养鸭户饲养密度过高，加上舍内垫料管理不善、清洁卫生不够、通风不良等因素，有害气体浓度过高，对鸭健康极为不利。

5. 饲养制度不规律

养鸭饲养制度或饲养规程一旦确定，不要轻易改变。许多养鸭户未意识到其重要性，放鸭、收鸭、集蛋、饮食、游水、休息、产蛋等没有规律，随意性大，生活秩序紊乱，导致蛋鸭产蛋率不高。其实蛋鸭的生活规律性很强，易接受训练和调教，在饲养管理过程中形成的良好生活秩序一经建立就不要轻易改变。

6. 对育成鸭限制饲养重视不够

育成鸭由于生长迅速，食欲旺盛，若不限饲，营养过高，会使其体重超标，造成体内脂肪沉积而过肥，开产早，蛋重小，产蛋量低。对育成鸭进行限制饲养，可推迟性成熟，使生殖器官充分发育，机能增强，促进骨骼生长和消化系统的机能，防止母鸭过肥，提高产蛋鸭的存活率

和整个产蛋期的产蛋量，节省 10% 的饲料。

7. 利用年限不合理

有的养鸭户母鸭利用时间过长，应予淘汰的却仍在饲养。母鸭第一个产蛋年的产蛋量最高，第 2 年比第 1 年产蛋量下降 30% 以上，因此，种母鸭的利用年限以 1 年最为经济。母鸭年龄越大，畸形蛋、砂壳蛋及破壳蛋越多，且种蛋孵化率也越低。若种蛋或鸭苗价格高，利用第二个产蛋年才划算。

第二节　提高种公鸭繁殖性能的主要途径

一、做好种公鸭的饲养

1. 增强营养

不同的饲养阶段，应供给不同营养水平的日粮。除必需营养物质外，要特别注意提供与繁殖性能有关的维生素、微量元素。如日粮中维生素 E 含量在 20~25 毫克/千克时，能提高种蛋的受精率和孵化率。氨基酸尤其是色氨酸，与繁殖机能关系密切，日粮中含量应保持在 0.25%~0.3%。18 周龄后应适当提高日粮中蛋白质含量，补充 B 族维生素及氯化胆碱用量。

2. 限制饲养

为使种公鸭在适当周龄达到体成熟，必须严格限饲，使体成熟和性成熟达到一致。在育成期更应灵活运用限饲技术，如 4~16 周龄时要严格控制体重，一般执行饲养标准体重的下限，17 周龄以后可适当放松限饲标准，一般执行饲养标准体重的上限，以防限饲过严而影响其性成熟。

3. 增强光照

17 周龄开始逐渐增加光照，至每天光照 17 小时，光照度为 5 瓦/米²。由于性成熟与光照密切相关，适时给予强光刺激是保证性成熟的基础。性成熟后又促使体成熟发育更趋完善和充分，有利于提高公鸭的性欲和交配能力，提高种蛋的受精率。

4. 适时混群

种公鸭一般在 20 周龄时可以混群。初期种公鸭与母鸭是分开饲养的，公鸭习惯于原先的饲养环境，混群后往往会造成混群不均匀，尤其是大群饲养、没有进行小群分栏饲养的种群，种公鸭过多地集中在原来的运动场上，这时应停止在原来公鸭场地饲养，将公鸭全部投放到母鸭栏中，2周后再放开，这样就能确保混群均匀。

【小经验】

在繁殖季节到来之前，适当提早混群可提高母鸭的受精率。

二、加强种公鸭的管理

1. 合理选择公鸭

（1）雏公鸭选择 绒毛、喙、脚的颜色和初生重符合品种特征。

（2）后备鸭选择 一般进行2次选择，一是育雏结束时，二是骨架和羽毛基本长好、外形基本稳定时。选择标准：生长发育较好，体重及羽毛、喙、胫、蹼符合品种要求，体壮、羽毛发育良好、声音洪亮。

（3）性成熟期选择 选择标准：羽毛着生紧凑，毛片细致，有光泽；体形较大，体躯较长，头大颈粗，肌肉结实；眼大有神，颈粗而略长，两脚距离宽，行动灵活；生殖器官发育正常；精液量在0.3毫升以上，精子密度不低于28亿个/毫升，精子活力较强。有记录的还可以根据系谱资料进行选择。

2. 及时淘汰不合格公鸭

一般在限饲前和育成期结束时集中淘汰发育不完善、体重过大或过小，腿部畸形、精神状态不佳的残弱公鸭。其他时间对不合格的公鸭也应及时淘汰。淘汰时要注意公母比例，一般20周龄左右公母鸭比例不超过1:5。

3. 精心管理

雏鸭一般混合饲养，育成鸭公母要分开饲养，配种前20天再放入母鸭群中，创造条件促使其性欲旺盛。育成期要实行光照控制和限饲，控制体重，增强公鸭体质，体重过大严重影响种蛋孵化率。配种前应采取合理的光照制度。若种公鸭继续留作种用，换羽前应与母鸭分开饲养，并且比母鸭提早1~2周进行强制换羽，以便母鸭产蛋时可以配种。

4. 采精训练

选用体质健壮、性欲强的公鸭单笼饲养，隔离1周即开始采精训练，每周2~3次。采精前将泄殖腔周围的羽毛剪干净，挑1只试情母鸭，用手按其头背部，母鸭会自动蹲伏者即可，将公鸭和母鸭放于采精台上，当公鸭用喙咬住母鸭头颈部，频频摇摆尾羽，同时阴茎基部的大小淋巴体开始外露于肛门外时，采精者将集精杯靠近公鸭的泄殖腔，阴茎翻出，

精液射到集精杯内。性成熟时公鸭经训练能建立条件反射，因此，要及时训练公鸭并对其采精，并且按公母比例留足配种公鸭数。公鸭一般每周可采精 5 天，每天 1 次。公鸭采精通常需要经过一段时间的训练，有经验的采精员训练 2~3 次即可采出精液，有时可能要经过十几次训练。

5. 保持适宜的公母比例

为获得良好的种蛋品质、种蛋受精率和孵化率，必须考虑合理的公母比例。公鸭太少，种蛋受精率低，太多则会出现打架现象，使母鸭不得安宁，影响产蛋率和种蛋质量，而且还浪费饲料。适宜的公母比例为：肉用型鸭 1:（5~8），蛋用型鸭 1:（10~20），兼用型鸭 1:（10~15）。

【小经验】

早春气候寒冷，鸭的性活动受影响，公鸭比例应适当提高 2% 左右（按母鸭数计）。

6. 选择适宜的配种年龄

一般蛋用型公鸭性成熟较早，初配年龄 5 月龄以上为宜；肉用型公鸭性成熟较晚，初配年龄 6 月龄以上为宜。一般 1 岁左右的公鸭性欲旺盛，配种能力强，此时，鸭群中公鸭数量可适当减少。

7. 利用年限合理

一般蛋用种公鸭的利用年限为 2~3 年，肉用种公鸭为 1~2 年，但每年要有计划地更换种鸭 50% 左右，淘汰的种鸭可作为商品鸭处理。

第三节　提高种母鸭产蛋性能的主要途径

一、做好产蛋初期的饲养管理

母鸭一般在 100~120 日龄即可达到 5% 的产蛋率，121~150 日龄时，产蛋率可达到 50%，因此，将 100~150 日龄的这一时期称为产蛋初期。这一阶段要随时注意产蛋率的变化，加强饲养管理及日常工作，搞好环境卫生。

【提示】

产蛋初期产蛋规律不强，各种畸形蛋比例较大，蛋体较小，受精率和孵化率均偏低，一般不适合进行孵化。

1. 产蛋前的准备

（1）**鸭舍准备与消毒**　上一批鸭淘汰后，对鸭舍要进行彻底清理和消毒（图 5-1）。参考消毒程序见表 5-1。

图 5-1　鸭舍彻底清理、消毒

表 5-1　鸭舍消毒程序

实施步骤	操作要点
喷洒消毒	清扫前用消毒剂（如百毒杀、过氧乙酸等）喷湿鸭舍，防止尘土飞扬
清理用具	将饲槽、饮水槽、产蛋箱等清理出舍，洗刷、消毒、晾晒
清扫鸭舍	清扫垫料、鸭粪等，冲洗地面
用具复位	饲槽、饮水槽、产蛋箱等复位
喷洒消毒	使用百毒杀、过氧乙酸等，按照地面→顶棚→墙壁的顺序进行喷洒消毒
熏蒸消毒	密闭鸭舍，按照每立方米福尔马林42毫升、高锰酸钾21克，熏蒸24小时，通风；待全部气味散发后进鸭，空舍时间不低于3周

（2）**调整分群**　18 周龄末对鸭群要进行调整和分群，淘汰病、弱、残鸭，按照体重大小分群饲养管理。对个体较小的鸭群要加强饲养管理，促其生长；对于体重达标的鸭群，更换饲料，延长光照，为产蛋做准备。

（3）**驱虫**　为保证鸭群健康，减少非生产性饲料消耗，产蛋期前，应进行一次驱虫。驱虫药可选择伊维菌素、阿维菌素或伊维菌素阿苯达唑等。用药后 3~5 天要经常打扫鸭舍，保证鸭舍干净无粪便。

（4）**备足产蛋箱**　产蛋箱置于光线较弱的地方，一般沿鸭舍内墙放置（彩图 11），产蛋箱大小为 40 厘米 × 30 厘米 × 35 厘米，由木板组装而成，无底和顶，或由汽车轮胎改造而成（彩图 12），底部铺垫麦糠、

稻壳、稻草等（图5-2），每3～4只鸭1个产蛋箱。

图5-2　产蛋箱

【注意】

　　　　要保证产蛋箱有足够多的垫料，且干燥松软，否则容易造成破蛋和脏蛋。

2. 适时更换饲料

　　19周龄后，当鸭群体重达标（1.3～1.6千克），健康良好，叫声洪亮，羽毛有光泽，活泼好动，预示着将进入产蛋期，此时可逐渐更换产蛋鸭饲料（图5-3），每天饲喂3～4次。

图5-3　鸭舍一侧堆放的产蛋鸭饲料

3. 增加光照

　　逐渐增加光照，每周增加0.5～1小时，至180～200日龄时，光照时间每天保持在16小时。光照强度以8～10勒克斯为宜（2.5～3瓦/米²）。灯泡高度为2米，灯泡保持清洁干净，损坏的灯泡及时更换。产蛋期的光照时间和强度应保持相对稳定。

 【提示】

对于体重不达标的鸭群，切不可延长光照，否则会导致鸭体重过小而开产，蛋重小，死淘率高。

4. 保持安静，减少应激

产蛋鸭对环境及饲养管理变化较敏感，如抓鸭、防疫、轰赶、噪声、换料、停水、异种动物的入侵、饲养员服装颜色的改变、饲喂和光照时间的变更等，均可对产蛋产生明显影响。一时的应激所引起的不良反应往往数天后才能恢复正常，有的则很难恢复，难以达到正常的产蛋高峰。因此，应制定严格的科学管理程序，避免噪声，饲料变更要有过渡期。

5. 加强卫生消毒

保持鸭舍和环境清洁卫生，每天清洗消毒水槽，饲槽及其他饲喂用具定期洗刷消毒。鸭舍每2天消毒1次，周围环境1~2周消毒1次，有疫情时增加消毒次数。饲养员每次进入鸭舍时均要消毒。

6. 减少脏蛋与破蛋

（1）加强产蛋箱内垫料管理 保证垫料厚度在5~10厘米，垫料松软、干燥、有弹性，若有板结、潮湿应及时更换。

（2）产蛋箱数量充足，摆放位置适宜 每3~4只鸭1个产蛋箱，将产蛋箱放于光线较弱、安静处。

（3）勤捡蛋 产蛋箱内不要堆积太多鸭蛋，一般每天捡蛋2~3次（图5-4）。

图5-4 及时拣出的鸭蛋

（4）保证营养全面 饲料中钙、磷、维生素D等缺乏，易造成蛋壳变薄，蛋破损率增加。当发现蛋壳变薄时，应及时补钙。

（5）搞好疾病预防　许多疾病如禽流感、坦布苏病毒病、产蛋下降综合征等均会导致蛋壳质量降低，应做好预防工作。

7. 详细记录

为了随时检查饲养管理水平，及时发现和解决问题，需要进行完整的记录。内容包括每天的产蛋量、蛋重、耗料量、各阶段体重、死淘鸭数、环境温度、光照、消毒、用药、疫苗接种及某些特殊情况等。

8. 细心观察，发现问题及时解决

产蛋初期常见问题及处理见表5-2。

表5-2　产蛋初期常见问题及处理

常见问题	原因	解决方法
蛋形不规则或蛋壳粗糙、沙眼、软壳	饲料质量差	补钙或维生素D
产蛋时间推迟或不规律	营养不平衡	及时补充配合饲料
开产后体重较大幅度增加或下降	饲养管理不当	加强管理，调整营养供给
羽毛松乱	营养缺乏或不平衡	提高饲料质量，补充含硫氨基酸
食欲不振	饲料质量差、疾病、管理不当	精心护理，查找原因，对症处理
精神不振，反应迟钝	体弱有病	查找原因，及时治疗
怕下水，下水后羽毛沾湿，上岸后双翅下垂，行动无力	产蛋下降预兆	增加营养，加喂动物性饲料，补充维生素 AD_3 粉

二、加强产蛋期的饲养管理

从151日龄起产蛋率稳步上升，达到产蛋高峰后（90%以上），又逐渐下降，至300日龄时产蛋率为85%左右，维持80%以上产蛋率2~3个月后，产蛋率缓慢下降。151~300日龄这一阶段称为蛋鸭产蛋期。

【提示】

　　该阶段是蛋鸭最难养的阶段。产蛋期内种蛋大小适中，受精率和孵化率较高。用产蛋期内种蛋孵化的雏鸭容易成活。

1. 保证全面营养需要

此期营养水平要在前期的基础上适当提高，日粮中粗蛋白质的含量应达到 20%。注意补充钙，但含钙量过高会影响适口性，可在饲料中添加 1%~2% 颗粒状贝壳粉，也可在舍内单独放置碎贝壳片，供其自由采食，并适量喂给青绿饲料或添加多种维生素。

【小经验】

> 产蛋期应保证日粮蛋白质含量在 20%，并适当增喂钙质和青绿饲料，选择优质饲料原料，增加维生素用量，提高种蛋的受精率和孵化率。

2. 提供合理光照时间

每天光照时间恒定在 16 小时。若产蛋率降至 60%，应增加光照时间至淘汰为止。

3. 注意蛋重与蛋壳变化

此阶段蛋重应稳定或稍呈增长趋势。蛋重减轻，则提示产蛋量下降，要及时查明原因，采取措施。蛋壳应厚实光滑，色泽鲜明。若薄壳蛋、砂壳蛋、软壳蛋或畸形蛋比例增加，表明饲料中钙磷缺乏或比例不当，应及时补充钙质、维生素 D 或调整钙磷比例。

4. 关注产蛋时间

鸭产蛋时间主要集中在凌晨 1:00~3:00。若逐渐推迟至早上或白天，提示产蛋量减少。

5. 观察行为变化

蛋鸭日常行为变化识别见表 5-3。

表 5-3 蛋鸭日常行为变化识别

行为变化	观察项目	正 常	异 常
采食姿态	饲喂量	聚拢很快，食欲较强	聚而不拢，提示应适当减料
羽毛色泽	饲料质量	羽毛光亮，紧密细致，质量好	羽毛松乱、下垂，提示饲料质量差
下水状况	健康状况	下水从容，愿意下水	下水惊慌，不愿下水，上岸翅膀下垂，身体发抖，提示产蛋量下降

（续）

行为变化	观察项目	正　常	异　常
粪便颜色	饲料配方	粪便成块、松软	排白色稀薄带臭味粪便，提示饲料蛋白质含量过高
产蛋时间	产蛋规律	凌晨 5：00 前产蛋	产蛋时间推迟，蛋小，畸形蛋增多，提示应补充精饲料
蛋形大小	是否欠食	蛋圆满	大端较小，提示欠早食；小端较小，提示欠中食；气室过大，提示欠晚食
蛋壳厚薄	加钙量	蛋壳厚而均匀	薄壳蛋、砂壳蛋、粗糙蛋及软壳蛋，提示缺钙

6. 定期称重

要定期抽样称重，若发现鸭体重明显减轻，必须及时调整营养水平。根据体重和产蛋率确定饲料的质量和饲喂量，产蛋率为80%时，若体重减轻，应增加动物性饲料；若体重增加，应增喂粗饲料或青绿饲料，或控制采食量；若产蛋率降至60%左右无须加料。

7. 增加运动量，避免应激

每天噪鸭（噪鸭即饲养员到鸭群中间缓缓赶鸭运动）2~3次（图5-5），促进运动（彩图13），操作规程保持稳定，避免应激。

8. 加强日常观察

经常观察鸭群精神状态、粪便、羽毛、脚爪和呼吸（图5-6）等方面有无异常，及时隔离或淘汰病鸭。观察鸭群可在早晚开关灯、饮喂、捡蛋时进行。

图 5-5　噪鸭

图 5-6　呼吸困难、流鼻液

9. 适当淘汰低产鸭

高产鸭和低产鸭的鉴别见表5-4。

表5-4 高产鸭和低产鸭的鉴别

项目	高产鸭	低产鸭
看头	头稍小，似水蛇头，喙长，颈细，眼大凸出且有神，光亮机灵	头偏大，眼小无神，颈粗短
看背	背较宽，胸部阔深	背较窄
看体躯	体躯深、长、宽	体躯短、窄
看羽毛	羽毛紧密、细腻，富有弹性，麻鸭花纹细	羽毛松软、无光泽，粗花大纹
看脚	用手提鸭颈，两脚向下伸且不动弹，各趾展开	双脚屈起或不停动弹，各趾靠拢
摸耻骨	耻骨间距宽，可容得下3~4指	耻骨间距窄，仅容得下2~2.5指
摸腹部	腹部大且柔软，臀部丰满下垂，体形结构匀称	腹小且硬，臀部不丰满
摸皮肤	皮肤柔软，富有弹性，皮下脂肪少	皮肤粗糙，无弹性，皮下脂肪多
摸泄殖腔	大，呈半开状态	紧、小，呈收缩状，有皱纹，较干燥

三、做好产蛋后期和休产期的饲养管理

1. 产蛋后期的饲养管理

鸭群经长期持续产蛋后，产蛋率将会不断下降。此期饲养管理的主要目标是尽量减缓鸭群产蛋率的下降幅度。若饲养管理得当，鸭群的平均产蛋率仍可保持在75%~80%。

【小经验】

　　若发现畸形蛋、薄壳蛋、砂壳蛋或蛋清变稀等，可以调整钙磷比例，补喂优质维生素 AD_3，增加优质贝壳用量，保证产蛋后期蛋壳质量。

（1）保证营养需要　根据鸭群的体重和产蛋率的变化，调整日粮营

养水平和饲喂量。若鸭群体重增加，应适当下调日粮中的能量水平，或适量增加青绿饲料，或控制采食量；若鸭群产蛋率仍维持在80%左右，而体重有所下降，则应增加动物性蛋白质的含量；若产蛋率已下降到60%左右，则应及早淘汰。

【提示】

鸭经过8个多月的连续产蛋，到产蛋后期产蛋率和蛋壳质量下降，饲料的能量和蛋白质水平应根据蛋重、产蛋率等适当调整。

（2）**保持光照时间** 每天仍然保持16小时光照，鸭群60周龄或产蛋率下降至60%时，光照时间可延长至17小时。

（3）**防止肥胖** 鸭群注意多放少关，促进运动，防止肥胖。

（4）**减少应激** 操作规程应保持稳定，尽量避免各种因素的刺激，防止减蛋。

2. 休产期的饲养管理

经过一个较长的产蛋期后，鸭的精神、体力均明显下降，此时若遇高温、高湿、过冷天气，饲料营养水平突然下降和患病等，会减少产蛋，并很快停止产蛋而脱毛换羽，此时的换羽称为自然换羽。自然换羽时间较长（包括恢复产蛋时间），一般需要3～4个月，有的品种需要4～5个月。自然换羽后，鸭的第2个产蛋期的产蛋数将会比第1个产蛋期下降10%～30%。品种不同，下降的幅度也不一样。鸭在换羽时，从饲料中所吸收的营养用于新羽生长，因此停止产蛋。

【提示】

低产鸭换羽较早，换羽持续时间长，严重影响产蛋量；高产鸭换羽较迟，常在秋末进行，且换羽迅速，停产时间短，因此产蛋量高。

为了缩短换羽期，当鸭群产蛋率下降至30%以下、蛋变小甚至有畸形蛋时，进入休产期，即可进行人工强制换羽。通过人工方法可使鸭群迅速大量脱换羽毛，缩短休产期，促使鸭群提前开产，集中产蛋，延长母鸭利用期，有利于根据市场需求变化调节商品蛋的供应。

（1）**清楚换羽的前提条件**

1）产蛋期间遭遇较大应激，产蛋率大幅下降。炎热夏季，尤其是潮湿闷热天气，种鸭抵挡不住恶劣气候的侵袭，产蛋量明显下降，甚至全群停产换羽。在炎热天气到来之前强制换羽，经过 45～60 天后恢复产蛋，产蛋量虽略低，但可以弥补淡季种蛋的不足。

2）后备种鸭跟不上。种鸭供应紧张时，种鸭苗不能按计划购进，导致不能按计划更新种鸭。为继续提供商品鸭苗，需要对种鸭进行强制换羽。

3）市场行情差。养鸭规模的不断扩大和市场经济的作用，使鸭市场经常出现波动，造成一段时间内养鸭赔钱，而过一段时间可能形势会好转，此时对种鸭进行强制换羽，使种鸭休产，等到市场价格上扬时使种鸭恢复产蛋。

【提示】

优良种鸭为延长经济寿命或为调整种鸭供种时间也可进行强制换羽。

（2）把握换羽时机

1）种鸭年龄。一般在产蛋 40 周后开始强制换羽。

2）雏鸭需求。一般每年 2～8 月是全年孵化的旺季，又是种鸭产蛋盛期，不要对种鸭进行强制换羽，以免影响种蛋的供应。

3）换羽习性。秋末冬初日照逐渐减少，种鸭开始缓慢自然换羽，产蛋率降低，有些换羽种鸭停产长达 3～4 个月。此时对产蛋接近 40 周的种鸭实行强制换羽，休产期可以缩短至 2 个月左右，重新开产后正赶上来年开春，为春季孵化提供优质的种蛋。秋末冬初实行强制换羽，还有利于换羽措施的实施，新羽的长出可以提高种鸭越冬的抗寒能力。

（3）掌握换羽步骤

1）准备工作。清点换羽种鸭数量、称重，选择合适种鸭转移至消毒鸭舍。

【小经验】

淘汰体重过小或过大的种鸭，体重过小限饲过程中经受不住饥饿易死亡，体重过大限饲效果可能不理想。

2）给予强烈应激。驱赶鸭群，令其惊恐不安；去掉人工补充光照；黑色编织袋遮蔽门窗，打乱种鸭的生活习惯。

3）停水停料。停光同时，立即停水停料，一般时间为 3～4 天，到

第 4 天发现少量种鸭有支持不住的情况时，开始供水，但继续停料，此后一段时间只供水不供料。

4）拔羽。强制换羽开始第 10 天左右，种鸭精神萎靡，喙和脚蹼颜色由橘黄色变为浅黄色或灰白色时开始拔羽。拔羽方法：先拔主翼羽，后拔覆翼羽，最后拔尾羽。炎热季节可再拔些胸、腹及背部等处的羽毛。冬天为了保温，一般不拔体躯上的羽毛，让其自然脱落换羽。

【小经验】

试拔几根主翼羽，若拔时顺利且不费力，羽髓干白不带血，表明已到拔羽时间，可以进行拔羽；若羽毛拔不下来，或要用大劲才能拔下，而且羽髓带血，则应推后几天再拔。

5）拔羽后的护理。立即将鸭舍清扫干净，地面铺上稍厚的垫草，夏季可稍薄些。拆除门窗遮挡物，开窗通风换气。冬季换气后再关闭窗户，加强保温。拔羽后 5 天内，避免种鸭受寒暴晒，以促进毛囊组织恢复再生功能。

6）恢复给料和光照。恢复时间可根据气候和体重减少情况来确定。冬天停料时间可短些，一般在停料 10 天后开始给料；夏天停料时间稍长，有时可长达 13~15 天，供水时间提前到第 3 天或第 4 天。当种鸭体重降至换羽前体重的 75%~80% 时，就不应再继续停料，否则会延长恢复期，甚至引起较多的死亡。要加强停水停料期间鸭群动态、精神状况的观察，控制死亡率在 3% 以内。

第 1 天每只鸭子采食 50 克，第 2 天 70 克，第 3 天 100 克，第 4 天以后适当限饲，以防止蛋鸭和肉种鸭体重增加过快。换羽恢复期，建议使用育成期饲料，日粮蛋白质水平要求达到 15%~16%。以后饲喂量逐渐增加，第 10 天 110 克，第 12 天 120 克，第 14 天 140 克，第 3 周 150 克，第 5 周后改用粗蛋白质含量 17.2% 以上的产蛋鸭料，光照恢复到每天 14 小时。在换羽期的第 6 周恢复正常光照，时间为 16 小时，改喂产蛋鸭料；产蛋率达到 50% 以后，采用自由采食，按照产蛋鸭进行饲养管理。

（4）注意事项

1）及时称重。每周称重 1 次，停料期间最好每天称重，确定体重下降幅度，判断恢复给料时间。

2）加强鸭群观察。加强停水停料期间鸭群动态和精神状态的观察，控制死亡率。

3）公母分群饲养。公母混养可使公鸭骚扰母鸭，影响母鸭正常换羽，并且脱羽后母鸭易被公鸭踩伤。同时，可使公鸭充分得到休息，以利于恢复产蛋后的交配，提高种蛋受精率。

4）拔羽后避免受寒或暴晒。拔羽后 5 天内，不要使种鸭受寒或暴晒，并逐渐延长种鸭在户外活动的时间，增强新陈代谢，加快体质恢复。

5）控制鸭舍环境。保证鸭舍内适当的温度、湿度和通风量。

6）保证采食、饮水均匀。恢复喂料和饮水时，适当增加食槽和水槽，避免部分弱小的鸭因不能采食和饮水而生病或死亡。喂料量要逐渐增加，少食多添，不能任其自由采食，以免暴饮暴食引起消化道疾病。

第六章
健康饲养雏鸭，向成活要效益

第一节 雏鸭饲养管理的误区

一、准备误区

计划饲养雏鸭前，生产者应根据季节因素有目的购入雏鸭，但部分养殖户却忽视季节因素对育雏质量和成活率的影响。夏季气温较高，雏鸭自身抵抗能力较差，易受高温应激而死亡。冬季气温偏低，若供暖效果不理想，鸭舍内温度过低，雏鸭易扎堆、受寒感冒及患肠道疾病等，影响其正常的生长发育。此外，若鸭场选址和建设不合理，也会导致后期育雏过程中温度、湿度、光照、通风换气等不能满足需要，影响雏鸭的生长。

二、环境与饲养误区

一是温度与湿度。部分养殖户不注重控制育雏温度，以致影响雏鸭的生长，导致其抵抗力下降，疾病频发，成活率大大降低。二是饲养密度。饲养过程中部分养殖户一味追求放养，以致圈舍内雏鸭的饲养密度过高，严重影响雏鸭生长速度，出现踩死、压死等现象，使得雏鸭极易受到损伤，易发生啄癖。三是饲喂时间与饲喂量。在饲喂过程中，应确保充足的饲喂时间，以免因时间过短影响雏鸭的饮食情况。刚开始饲喂雏鸭时，养殖人员还应对饲料进行特殊化处理，切不可随意洒谷物，以免雏鸭出现营养不良。按时饲喂，不可过早也不可过晚，以免雏鸭因长期饥饿而进食过饱，不但影响正常的消化机能，还会诱发疾病。

三、免疫误区

部分养殖户不重视免疫接种工作，过度依靠药物来进行预防，同时认为雏鸭饲养周期较短，发生的疾病比较少，或某些疾病雏鸭不会发生，该接种的疫苗不接种。免疫接种次数少、免疫间隔时间过短或过长、免疫剂量小等，严重影响雏鸭的抗病能力，导致育雏质量差，成活率降低。

四、消毒误区

当前部分养殖户对消毒工作重视不够，仅在雏鸭入场时进行消毒，或在发生疫情时才消毒，或是消毒只注重形式而忽视效果，导致鸭舍环境污染严重，环境中病原微生物分布种类和数量较多，严重危害鸭群的健康，也影响饲养人员的健康。有的养殖户进行活疫苗免疫接种时，连续应用消毒剂带鸭喷雾消毒或饮水消毒，使得疫苗中的病毒（细菌）不能在机体中充分繁殖，从而影响免疫效果。有的养鸭户长期应用腐蚀性消毒剂（如高锰酸钾）给鸭饮水消毒，对鸭口腔、食管、鼻腔等消化道和呼吸道黏膜损伤严重。在此期间若使用鸭瘟、鸭病毒性肝炎等疫苗预防接种，机体便不能很好地建立免疫应答，导致免疫失败。同时，不容易分解的消毒剂进入鸭肠道后能杀灭正常的菌群，引起鸭消化不良。

五、用药误区

雏鸭养殖过程中，为了降低饲养成本，部分养殖户会省去免疫接种环节，改用饲喂药物的方法防治，或是在雏鸭整个生长周期长期使用抗生素，使得雏鸭产生较强的抗药性。这样的雏鸭一旦发病不易治疗，既延长治疗时间，又增加了用药成本。有的养殖户不了解药物的作用机理，盲目用药、滥用药、不能做到对因和对症用药等，不仅无法获得预期治疗效果，增加治疗成本，而且会破坏雏鸭的肠道菌群平衡，降低其抵抗力，严重的还会损伤雏鸭内脏器官，导致肾毒性、肝毒性，甚至导致中毒及免疫抑制。有的养鸭户为了节约用药，用药疗程不足，看到鸭群有好转就立即停药，使鸭群得不到彻底恢复，有些病甚至因此转为慢性，经济损失很大。

第二节　　雏鸭生理特点与死亡原因分析

一、雏鸭生理特点

1. 体温调节能力差

刚出壳的雏鸭绒毛短，皮下脂肪极薄，线状羽保温能力较差，无法缓冲外界不适温度的影响。雏鸭体重小、产热少，单位体重散热面积大，

与产热、散热有关的神经和内分泌调节功能发育不健全。因禽类呼吸系统结构比较特殊，胸腔、腹腔均有气囊分布，吸入的冷空气对体内温度变化影响较大，再加上雏鸭自身调节体温能力差，其体温会随着环境温度的升降而产生相应变化，体温偏离正常水平则会对其生理机能产生不良影响。因此，育雏期间必须进行保温，给雏鸭提供适宜的环境，直至雏鸭体温调节机制趋于完善后，再根据情况逐渐脱温。

【提示】

雏鸭的肺较小，嵌在肋骨之间，与薄薄的皮下组织紧贴，外界温度变化会对肺产生直接影响，温度过高过低均会引起雏鸭肺充血。

2. 代谢旺盛，生长迅速

雏鸭心率、呼吸频率快，单位体重产热和耗氧多，生长发育迅速。如淮南麻鸭出壳体重为 47 克，4 周龄体重为 845 克，9 周龄体重为 1951.55 克，为初生体重的 41.82 倍。雏鸭阶段骨骼生长更快，丰富而全面的营养物质才能满足雏鸭的生长发育需求。因此，育雏期间要求供给充足而优质的高蛋白质全价饲料。

3. 消化能力弱

雏鸭嗉囊和肌胃容积很小，储存食物很少，消化机能差。但雏鸭生长极为迅速，单位体重的新陈代谢及营养需要量较大，因此，管理上应做到给予营养成分高且易于消化的饲料，少量多次饲喂，不断供水，满足其消化机能差的需要。若饲养管理不当，则雏鸭会因消化不良引发肠道疾病。

4. 胆小易惊，敏感性强

雏鸭对外界环境的细微变化非常敏感，外界的任何刺激均会导致雏鸭精神紧张而四处乱窜，影响采食，甚至引起死亡。因此，育雏期间甚至以后各饲养阶段，要注意保持周围环境安静，有规律而细心地进行操作、管理。若饲养环境较复杂、条件差，最好的措施是减少应激（如各种响声、黑暗、强光等），在出壳后的 30 小时内让雏鸭适应，使其习惯于这种刺激，以后则不会因这种刺激引起情绪紧张而四处乱窜。

5. 免疫力弱

雏鸭娇嫩，对外界环境抵抗力差，易感染疾病，因此，育雏时要特别重视卫生防疫工作。

6. 初期易脱水

刚出壳的雏鸭，若在干燥环境中存放时间过长，则容易在呼吸过程中失去很多水分造成脱水。育雏初期干燥的环境也会使雏鸭因呼吸失水过多而增加饮水量，影响消化机能。因此在育雏初期要注意环境湿度，以提高育雏的成活率。

【提示】

要培育好雏鸭，首先必须了解其生理特点，然后根据其生理特点进行饲养管理，才能提高育雏率。

二、雏鸭死亡原因分析

雏鸭常见死亡原因分析见表6-1。

表6-1 雏鸭常见死亡原因分析

诱发因素	常见原因	临床表现	解决方法
种鸭因素	营养缺乏	弱雏、残雏，腿、翅短粗，抗病力差	合理配制日粮，保证营养全面
	胚胎传染病	大肠杆菌病、沙门菌病、葡萄球菌病等	加强种鸭群净化，淘汰阳性鸭；种蛋、孵化室及用具严格消毒
孵化因素	种蛋污染	脐炎、卵黄囊炎	种蛋（蛋库）熏蒸消毒
	孵化设备污染	脐炎、卵黄囊炎、肺炎、肠炎等	出雏后，孵化器、出雏器彻底清理，严格消毒
	孵化条件不良	卵黄吸收不良，弱雏，体形小	密切关注孵化器的温度、湿度，适时翻蛋、晾蛋和通风换气
饲养管理因素	育雏温度、湿度不当	呼吸道病、消化不良、腹泻和球虫病等，拥挤、踩踏和扎堆等，卵黄吸收不良	提供适宜的温度、湿度
	密度过大、通风不良	运动受阻，饮食困难，空气混浊，缺氧	调整饲养密度，合理通风换风

（续）

诱发因素	常见原因	临 床 表 现	解 决 方 法
饲养管理因素	强弱雏未分群	弱雏被压死、踩死	强弱雏分群饲养
	脱水	皮肤、腿爪干燥，易暴饮，嗉囊胀满	提供充足饮水
	日粮营养不全面	生长发育受阻，抗病力差	提供营养全面、平衡日粮
	中毒	霉变饲料及药物中毒	严禁使用发霉饲料，科学使用药物
	恶癖与兽害	啄肛、啄趾、啄羽等恶癖，敌害动物咬伤或死亡	规范饲养管理，防止敌害动物侵袭
疾病因素	环境条件差	大肠杆菌病、传染性浆膜炎、坦布苏病毒病等频发	保证适宜环境条件
	疾病防治不利	发病率、死亡率高	科学防治疾病

第三节　提高雏鸭成活率的主要途径

一、做好育雏前的准备

1. 育雏季节选择

不同育雏季节的特点见表6-2。

表6-2　不同育雏季节的特点

育雏季节	月　份	季 节 特 点
春季	3～5月	天气变暖，饲料丰富，雏鸭生长快，开产早
夏季	6～7月	气温高，管理困难，可以早下水、早放牧，母鸭开产较早，饲养成本低
秋季	8～9月	气温逐渐下降，青年鸭时期正值低温，故开产较迟，但对第二年春天作为种鸭，产蛋孵化较为有利
冬季	11月～次年2月	气温低，供温成本高，易患病

2. 育雏舍准备

进雏前应对育雏舍彻底清扫、冲洗、维修和消毒（图6-1）。育雏舍要求温度适宜，空气流通，光照适宜，舍内干燥。

图6-1　育雏舍的准备

3. 育雏设备准备

无论采用哪一种饲养方式，均要准备好供热、照明、育雏笼、塑料网等育雏设备（彩图14）。清洗消毒料盘、料桶、饮水器等饲养用具（先用消毒液浸泡1小时，然后用清水冲洗干净，晾干后放入鸭舍）。检查调整电路、通风系统和供温系统，打开电灯、电热装置和风机等。光照控制器、排风扇、湿帘、饲料加工机械等设备均要检查维修。

4. 育雏饲料、兽药及疫苗准备

育雏用的饲料、常用的药物、疫苗等要准备妥当。

5. 制订育雏计划

根据鸭舍、设备条件、饲料来源、资金多少、饲养场主要负责人的经营管理水平、饲养管理技术、市场需求等具体情况，制订育雏计划。首先确定全年总育雏量，然后拟定具体的进雏数、周转计划、饲料、垫料及物资供应计划、防疫计划及育雏阶段应达到的技术指标等。

6. 消毒、试温和预热

育雏舍和饲养用具准备好后要进行消毒。将育雏舍内所有用具及育雏舍进行彻底清洗，然后分两次进行消毒。首先用3%来苏尔溶液（或过氧乙酸）喷雾消毒1次，然后在进雏前3天熏蒸消毒。育雏舍在进雏前2天开始点火升温，进雏前2~3小时温度升至第1周的育雏温度（33~35℃）便可接雏。

7. 饲养人员准备

育雏是养鸭最关键的阶段，是一项耐心细致、复杂而辛苦的工作，养殖开始前要慎重选好饲养人员。饲养人员要具备一定的养鸭知识和操作技能，有认真负责的工作态度。

【提示】

雏鸭生长快，代谢旺盛，但体温调节能力差，抗病力低。要保证雏鸭快速、健康生长，育雏前必须做好准备工作。

二、做好雏鸭的选择与运输

1. 品种选择

首先应选择来自无疫情地区的雏鸭；其次应根据自身饲养条件和经济条件选择蛋鸭和肉鸭品种。肉鸭品种可以选择樱桃谷鸭、北京鸭等。圈养时，可以引进高产的蛋鸭品种；放牧饲养时，要根据放牧条件而定。不同地区蛋鸭品种的选择见表6-3。

表6-3　不同地区蛋鸭品种的选择

地　区	选 择 要 求	选 择 品 种
水网地区	觅食力较强的小型蛋鸭品种	绍兴鸭、攸县麻鸭等
丘陵地区	善登高的小型蛋鸭品种	连城白鸭、山麻鸭等
海边滩涂地区	耐盐水的蛋鸭品种	金定鸭、莆田黑鸭等
湖泊地区	善潜水的中、小型蛋鸭品种或兼用品种	高邮鸭等

2. 个体选择

选择出雏日期正常且一致的雏鸭，提早或延缓出壳的均不宜选择。应根据外貌来选择健壮的雏鸭，选择标准为：绒毛颜色纯正一致、清洁有光泽，大小均匀一致，品种纯正；卵黄吸收和脐部愈合良好；抓在手里挣扎有力，眼大有神，叫声洪亮；体重大、脚粗实、腹部大小适中而较软、举止活泼。剔除盲眼、歪头、跛腿、大肚皮及血脐等残鸭。对挑选好的雏鸭，准确清点数量。育雏前5~7天，及时淘汰残弱雏和生长不良的僵雏。

3. 运输

（1）使用专门的运雏箱　运雏时最好选用专门的运雏箱（如硬纸箱、塑料箱或木箱等）。运雏箱规格一般为60厘米×45厘米×20厘米，内分 2 个或 4 个格，箱壁四周适当设通气孔，箱底平且柔软，箱体不得变形。运雏前要对运雏箱进行清洗消毒，根据季节不同每箱可装 80 ~ 100 只雏鸭。运输工具可选用车、船和飞机等。

（2）**做好运输途中的护理**　运雏箱与车厢之间要留有空隙并由木架隔开，以免运雏箱滑动。装卸运雏箱时要小心平稳，避免倾斜。运雏车和运雏箱要先经过消毒，运雏车要做好检修，防止中途停歇。出壳雏鸭胎毛干后即可起运，若天冷运雏箱可加盖棉絮或被单，天热则应在早晨或晚上凉爽时运输，并携带雨布。无论任何季节，运输途中均要经常检查雏鸭的动态，若发现过热致使其绒毛发潮，过冷致使其挤堆或通风不良等现象，均应及时采取措施。

 【小经验】

运输过程中若发现过热致使雏鸭绒毛发潮，俗称"出汗"，实践证明这种雏鸭较难饲养。

（3）**减少运输应激**　恶劣天气情况下的远途运输会对雏鸭造成较大的应激。雏鸭的运输是一项技术性强的细致工作，要求迅速、及时、安全、舒适地到达目的地。应在雏鸭羽毛干燥后开始，至出壳后 36 小时结束，若远距离运输，也不能超过 48 小时，以减少中途死亡。

三、提供适宜的育雏条件

1. 温度

温度是培育雏鸭的首要条件，对雏鸭的运动、采食、消化、饮水、健康及成活率均有极大的影响。温度过高，雏鸭张口喘气，饮水增加，采食量减少，呼吸加快，运动减少。长时间高温，可使雏鸭软弱、消瘦、易患感冒等。温度过低，雏鸭过于拥挤，活动减少，易患消化道疾病。严重低温时，常因大量扎堆而造成挤压死亡。雏鸭适宜温度：1 ~ 3 日龄 31 ~ 33℃，4 ~ 6 日龄 29 ~ 31℃，以后每周下降 2 ~ 3℃，至 4 周龄达到 18 ~ 22℃，开始训练离温。放牧饲养鸭群待外界温度适宜时放牧。

 【小经验】

离温要逐渐进行，开始白天离晚上不离；晴天离阴天不离，最后达到彻底离温。若鸭群体质较差，体重不足时，应适当推迟离温的时间。

判断育雏温度是否适宜，除看温度计外，主要看雏鸭的表现（表6-4）。有条件的地方可使用仪器（如红外线测温仪）来指导生产。

表6-4 不同育雏温度雏鸭的表现

温　度	雏　鸭　表　现
温度适宜	地面、网上均匀分布，活动正常，饮食适中
温度高	远离热源，两翅开张，卧地不起，张口喘气，采食减少，饮水增加
温度低	紧靠热源，扎堆挤压

2. 湿度

鸭虽属水禽，但喜干燥。雏鸭适宜的相对湿度是60%~70%，前10天湿度稍高，后期降低为55%~60%。不同湿度对雏鸭的影响及解决方法见表6-5。

表6-5 不同湿度对雏鸭的影响及解决方法

湿度	雏鸭表现	解决方法
湿度过高	羽毛污秽，食欲不振，易患病	增加通风，降低饲养密度
高温高湿	散热困难而感到闷热，食欲下降，生长缓慢，体质虚弱，抗病力下降	通风换气
低温高湿	因散热过多而感到寒冷，育雏舍阴冷潮湿，易患感冒和胃肠道疾病	升温，增加通风
湿度过低	大量失水，卵黄吸收不良，易使鸭舍灰尘飞扬，引起呼吸道疾病	地面、墙壁上喷水

3. 光照

快大型肉用鸭饲养过程中应提供24小时光照。夜间采用弱光照明，光照度为10~15勒克斯（2~3瓦/米^2），并备有应急灯。蛋鸭1~3日龄光照时间为24小时，4日龄以后每天减少0.5小时，直至自然光照。

4. 饲养密度

饲养密度应以满足雏鸭发育为前提，以提高鸭舍利用率为原则。饲养密度的大小与品种、季节、体重、鸭舍环境等因素有关。一般饲养大体形鸭或在夏季育雏时，饲养密度小；饲养小体形鸭或在冬季育雏时，饲养密度可大些。饲养密度的大小需经常调整。快大型肉鸭的饲养密度见表6-6。蛋鸭地面平养或网上平养饲养密度为：1~7日龄25~30只/米^2，7~14日龄20~25只/米^2，15~28日龄15~20只/米^2。夏季适当降低，冬季适当增加。

表6-6　快大型肉鸭的饲养密度

生 产 期	饲养密度/(只/米^2)	
	网 上 平 养	地 面 平 养
1~2周龄	25	30
3~5周龄	10	8
6周龄至上市	5	4

【提示】

　　密度过大会降低空气质量，影响雏鸭采食，引起发育不良、鸭群均匀度降低、易发啄癖等；密度过小，则导致鸭舍利用率降低、成本过高。

5. 通风

雏鸭新陈代谢旺盛、呼吸快，加上育雏舍温度较高、鸭群密集，过于注重保温而忽略通风容易导致鸭舍空气污浊，影响雏鸭健康。育雏期通风和保温间的矛盾应视具体情况灵活掌握。为防止雏鸭舍内有害气体浓度过高，在保证温度的同时，要适当通风，其通风量的大小随品种和日龄的变化而变化。一般要求育雏舍氨气浓度低于20毫克/米^3，硫化氢浓度低于10毫克/米^3，二氧化碳浓度低于0.5%。

【提示】

　　育雏舍空气新鲜与否，除监测以外，还可通过人的感官来感知。当人进入舍内感到较舒适，无刺激性气味或刺激性气味较小时，可认为空气新鲜。

四、科学饲养管理

雏鸭一般指0~4周龄的小鸭，雏鸭的饲养是整个养鸭生产中最关键的一个时期。

1. 合适的育雏方式

育雏方式一般分为3种，即地面育雏（图6-2）、网上育雏（彩图15，图6-3）和立体笼育。不同育雏方式的特点见表6-7。

图6-2 地面育雏　　　　图6-3 网上育雏

表6-7 不同育雏方式的特点

育雏方式	关 键 点	特 点
地面育雏	育雏舍地面铺5~10厘米厚的松软垫料，将雏鸭直接饲养在垫料上	雏鸭直接与粪便接触，羽毛较脏，易感染疾病
网上育雏	育雏舍内设置离地面30~80厘米高的金属网、塑料网或竹木栅条，将雏鸭饲养在网上	雏鸭不与地面接触，感染疾病的机会减少，房舍利用率比地面饲养增加1倍以上，劳动生产率提高，节省大量垫料
立体笼育	雏鸭饲养在特制的多层金属笼或毛竹笼内	既有网上育雏的优点，又可提高劳动生产率，但投资较大

2. 开水与开食

刚孵出的雏鸭第一次饮水称"开水"，第一次喂食称"开食"。饲养雏鸭要做到"早饮水、早开食"，且要先"开水"、后"开食"。雏鸭出壳后原则上应在12~24小时内"开水"，运输路途较远时，待雏鸭到达育雏舍休息半小时左右，应立即供给添加多种维生素和1%葡萄糖的水

供其饮用。饮水时要防止雏鸭嬉水，以免弄湿羽毛而感冒。饮水 15 ~ 30
分钟后即可开食。开食的饲料宜用五成熟的大米饭，可将其撒在竹席上，
让雏鸭自由采食，每天 6 ~ 8 次。4 天后可改为煮烂的小麦或全价配合饲
料，每天 4 ~ 5 次，15 天后每天喂 3 次即可。雏鸭开始时贪吃，要注意
少喂多次。开食饲料按 200 只雏鸭 500 克准备。

3. 过渡期的饲喂

雏鸭消化器官发育还不健全，消化能力差，易发生肠道疾病。雏鸭
在第 1 ~ 3 周龄时自由采食，从第 4 周开始，每天喂料 3 次，早、中、晚
各 1 次，少喂勤添，减少饲料浪费。雏鸭 1 ~ 3 日龄喂食小鸭破碎料，以
后可用小鸭颗粒料，直径为 2 ~ 3 毫米。

4. 开青与开荤

雏鸭开食 3 天后即可"开青"，此时可将青绿饲料切碎后单独饲喂
或拌在饲料中饲喂，以弥补维生素的不足，各种水草、青菜等均可。开
青时青绿饲料最好不掺入精饲料中饲喂，以免影响精饲料的采食量。雏
鸭开食 4 天后即可"开荤"，此时可给雏鸭饲喂新鲜"荤食"，如小鱼、
小虾、河蚌、黄鳝、泥鳅、螺蛳、蚯蚓等。每 100 只雏鸭的饲料用量可
控制在 150 ~ 250 克。

【提示】

开青和开荤均为传统养鸭饲喂方法，现代规模养鸭饲喂全价颗
粒料，无须另外再饲喂青绿饲料和荤食。

5. 下水

鸭属水禽，雏鸭下水能促使其活动，增加采食量。因此，放水要从
小开始训练，一般在雏鸭出壳 5 天后就下水。方法是先下"小水"，此
时可将水放入大的水盆或水泥池中给雏鸭下水，水温不宜太低，深度以
能打湿鸭脚为宜，每天 2 次，每次不超过 10 分钟，以后水深逐渐增加，
时间逐渐延长。雏鸭何时下"大水"，即放入河沟、池塘等大水面，需
要根据天气和气温情况而定。晴暖时可坚持每天下水，下雨天、气温低
时可不下水。雏鸭下水上岸后，要让雏鸭在无风、温暖的地方将羽毛梳
理晾干后再赶回鸭舍。

6. 放牧

雏鸭能够自由下水活动后就可以进行放牧训练（图 6-4）。5 ~ 15 天
开始自由下水活动（彩图 16）。放牧训练原则为：距离由近到远，次数由

少到多，时间由短到长。放牧时间不能太长，每天放牧 2 次，每次 20～30 分钟。随着日龄的增加，放牧时间可以延长，次数也可以增加。稻田秧苗返青以后至水稻抽穗扬花期是较为理想的放牧时期。春季可以在中午放牧，夏季可以在早晚凉爽时放牧。

图 6-4　放牧训练

【小经验】

若是人工控制下水，要先喂料后下水，且要等到雏鸭全部吃饱后自然下水，千万不能硬赶下水。

7. 分群

雏鸭出壳后，应根据出壳的迟早及体质的强弱分开饲养。笼养时，一般可将弱雏放在室内温度较高的上层；平养时，可将健雏放在近门口处，而将弱雏放在育雏舍中温度最高处。开食以后，每周应对鸭群进行一次分群。对吃食少或不吃食的雏鸭，可集中饲养，并适当增加饲喂次数和环境温度；对经治疗无效的病雏，应及时淘汰处理。

【小经验】

根据雏鸭各阶段的体重和羽毛生长情况分群，各阶段可抽 5%～10% 的雏鸭进行称重，结合羽毛生长情况，未达到标准的要适当增加重量，超过标准的要适当扣除部分饲料。

五、加强疾病防治

有条件的鸭场应尽量实行自繁自养。若需从外地引种，应确认雏鸭来源于健康无病的种鸭后代。根据本地区疫情流行特点和鸭群情况具体制定育雏期的免疫程序，及时做好免疫工作。采用全价配合饲料来饲喂雏鸭，确保雏鸭获得充足的营养需要，可有效提高鸭群体质，增强疾病的抵抗力。饲养环境条件不良，是诱发鸭群疫病的重要因素，因此，要合理安排鸭舍的温度、湿度、光照、通风和饲养密度，尽量减少各种应激反应的发生。

六、科学免疫

制定合理的免疫程序（表6-8）。雏鸭阶段主要预防鸭病毒性肝炎、鸭瘟、大肠杆菌病、鸭传染性浆膜炎等，用量与使用方法可根据疫苗说明书进行。

表6-8 雏鸭免疫程序（参考）

日龄	疫苗名称	用法用量
3	鸭病毒性肝炎活疫苗	皮下注射，0.5毫升/只
7~14	鸭传染性浆膜炎、大肠杆菌病二联灭活苗	皮下注射，0.5毫升/只
14	禽流感灭活苗	皮下注射，0.5毫升/只
15	鸭瘟活疫苗	皮下注射，0.5毫升/只

第七章
满足鸭的营养，向品质要效益

第一节　养鸭生产中的误区

一、饲养观念的误区

1. 只注重肉鸭的产量，忽视对质量的要求

我国传统肉鸭养殖，主要以快大型肉鸭品种为主，具有脂肪沉积能力强、皮脂率高等特点，但目前大体形肉鸭已逐渐难以满足市场产业化生产的需要，胸腿肌肉率高、肉品质好、饲料转化率高的优质肉鸭成为现代肉鸭养殖的新方向。目前，肉鸭的养殖还停留在只注重产量忽视质量的阶段，优质肉鸭的饲养数量与规模仍较少，远远不能满足人们对优质鸭产品的需要。

2. 鸭产品兽药残留依然存在，食品安全堪忧

随着养鸭业的迅速发展，在养殖过程中任意加大用药剂量和疗程，不遵守休药期，违规用药现象已屡见不鲜。鸭产品中残留的药物，经食物链的作用会在人体内富集，从而对人类健康造成严重危害。在养鸭过程中，有些养殖户根本不懂得药理知识，更不了解其药物间的相互作用，长时间用药或大剂量用药，不注意休药期或禁用药，最后导致药物残留，食品安全问题日益突出。

【小知识】

　　2019 年 10 月 9 日，农业农村部等部门联合发布《食品安全国家标准　食品中兽药最大残留限量》，于 2020 年 4 月 1 日起实施。

3. 忽视饲养方式对鸭生产性能和屠宰性能的影响

传统的饲养方式多为大群放养模式，鸭生产性能受外界因素影响大，极易污染环境，目前正逐渐向圈舍平养、网养及笼养的多元化现代

养殖模式转变，这种规模化、专业化、集中化的饲养方式可以有效提高肉鸭的生产性能。研究表明，地面平养的肉鸭胸肌和腿肌水分含量显著高于网上平养和笼养2种饲养方式，网上平养和笼养饲养方式下腿肌的蛋白质、脂肪及胶原含量均高于地面平养。

4. 忽视环境因素对鸭健康状况的影响

家禽福利问题已经越来越被人们所重视，在制定和施行相关饲养政策时，都必须要考虑到家禽的福利，即家禽生活质量状况的好坏。诸多环境因素均会导致鸭出现应激反应，如异常温度升降、连续暴风骤雨、老鼠逃窜、鸡鸣狗吠、鞭炮声的惊吓、火车飞机噪声的干扰，饲喂人员的驱赶、追捕等，从而导致料肉比提高，屠宰率下降，肉品品质下降，既影响消费者的需求，又影响经济收益。

5. 过度痴迷饲料添加剂

现在市场上的饲料添加剂种类较多，标注的功能五花八门，成分复杂，标示成分与实际成分不符。在鸭羽毛不光滑、色泽差、生长慢、采食量低、免疫力差、蛋壳颜色不好等问题出现后，部分饲养者不从饲养管理、免疫预防等方面查找原因，而寄希望于饲料添加剂来改善。再加上添加剂生产企业宣传夸大其词，更是起到了推波助澜的作用，最后不仅增加了成本，还可能导致药物残留。

二、评价经济指标的误区

养鸭效益的高低要看整个鸭场的整体效益，由鸭的个体效益与出栏量决定。不同品种的饲养要求不一样，产生的生产成本与死亡损失也就不同；不同市场时期，养鸭的利润率不同，采取不同的利润评判标准，对鸭场的整体利润影响也就不一样。因此，在鸭场经济效益的综合评定中必须树立科学的效益观，灵活运用，以适应变化无常的市场需求。

第二节　熟悉鸭的生长发育规律

以北京鸭为例进行介绍。

一、体重的变化规律

北京鸭1~7周龄各周增重和各周平均日增重基本呈正态分布，第5周龄达到最高，平均值分别为672克和96克，高峰后的增重速度明显下降，第7周龄平均日增重只有45.4克，仅比第1周龄高7.8克，是第5

周的 47.3%；母鸭第 3 周龄平均日增重达到 92.1 克，比公鸭高 6.2 克，而第 4 周龄母鸭的平均日增重只有 80 克，比公鸭低 13.4 克，但是第 5 周龄时又达到 98.4 克，比公鸭高 4.6 克。3~5 周龄的平均日增重，公鸭为 91.0 克，母鸭为 90.2 克，两者相差不多。北京鸭的绝对增重和相对增长基本符合一般家禽的增长规律，但是由于生长速度的提高，增重提前，相对增长下降的速度较快，幅度较大，从 1 周龄的 4.815%，降到 7 周龄时只有 0.10%。

二、体组织的变化规律

北京鸭各组织的生长不平衡。皮脂始终随着体重的增加呈正比增加，和屠体重的比率也基本保持在 19% 左右。脚在 28 日龄后生长强度降低，基本上和体重成正比增加，和屠体重的比率稳定在 2.7% 左右。头颈占屠体重的比率随时间缓慢降低。28 日龄时骨骼、腿肌等主要组织相对屠体重增长由快变慢，而胸肌增长则由慢变快。因此，建议以 28 日龄为界限划分北京鸭的前后生长期，营养和管理的调整也应在此时进行。44 日龄以后主要是胸肌和皮脂的增长，其他组织相对增长缓慢。内脏和脚相对屠体重的比率随日龄迅速下降，到 42 日龄以后基本稳定；头颈与屠体重的相对比率基本呈缓慢下降的趋势，而皮脂的增长速度始终和屠体重保持正比。

三、饲料消耗和饲料转化率的变化规律

北京鸭的饲料转化率随周龄的增长而降低，尤其在 5 周龄以后，饲料转化率从 2.61 下降至第 6 周龄的 3.77，第 7 周龄达到 5.59，降幅达 48.3%，母鸭饲料转化率降幅更大，达到 62%，单从体重和饲料转化率两个指标来看，肉鸭饲养到 42 天比饲养到 49 天要经济。这表明北京鸭绝对增重速度在第 5 周龄达到最大，随着增重的快速减少，饲料转化率也大幅度降低，7 周龄累积饲料转化率为 2.72:1。北京鸭平均每只每天耗料量无论公母均在第 6 周龄达到最大（256.8 克和 268.2 克），平均为 262.5 克。

第三节　提高鸭生产性能与品质的主要途径

一、满足鸭的营养需要

1. 能量

能量是鸭生命活动和物质代谢所必需的营养物质。鸭的一切生理过程

包括采食、消化、吸收、排泄、运动、呼吸、循环、维持体温等都需要能量。鸭所需要的能量主要来源于碳水化合物、脂肪和蛋白质。在鸭总的能量需要中，由碳水化合物提供的能量部分为 70% ~ 80%。碳水化合物包括淀粉、糖类和粗纤维。鸭饲料中的能量都以代谢能（ME）表示，单位是兆焦/千克。蛋鸭育雏期生长快，对营养要求高；产蛋期的适宜能量需要受品种、产蛋率、环境条件等的影响。能量浓度是决定采食量的最重要因素，自由采食条件下，肉鸭趋向于根据能量需要量来调节采食量。

2. 蛋白质

蛋白质是生命的基础，也是构成鸭肉的主要原料，鸭皮肤、羽毛、神经等都含有大量蛋白质。鸭所需要的蛋白质必须从饲料中摄取。日粮中粗蛋白质含量过低，会影响鸭的生长速度，使鸭体重达不到标准要求，食欲减退，羽毛生长不良。相反，若粗蛋白质含量过高，则会增加饲料成本，鸭利用不完全，造成不必要的浪费，还会导致鸭的新陈代谢紊乱，严重时诱发痛风。

蛋白质由 20 多种氨基酸构成，氨基酸可分为必需氨基酸和非必需氨基酸两大类（表 7-1）。必需氨基酸是指鸭体内不能合成或合成数量较少不能满足营养需要，必须由饲料供给的氨基酸。非必需氨基酸是指在鸭体内可以合成，或者可以由其他氨基酸代替，一般不会缺乏的氨基酸，如胱氨酸、酪氨酸等。

表 7-1　鸭所需要的氨基酸

品种类型	种　　类	限制性氨基酸
蛋鸭	赖氨酸、蛋氨酸、色氨酸、亮氨酸、异亮氨酸、苯丙氨酸、苏氨酸、缬氨酸、精氨酸和组氨酸	蛋氨酸、赖氨酸和色氨酸
肉鸭	赖氨酸、蛋氨酸、色氨酸、亮氨酸、苯丙氨酸、苏氨酸、缬氨酸、精氨酸、组氨酸、苏氨酸、甘氨酸、胱氨酸和酪氨酸	蛋氨酸、赖氨酸和色氨酸

【注意】

　　蛋氨酸、赖氨酸和色氨酸饲料中含量较少，不能满足鸭的需要，因此把这 3 种氨基酸称为限制性氨基酸。生产中这 3 种氨基酸的供应尤其重要。

3. 矿物质

（1）**钙和磷**　钙和磷是构成骨骼的主要成分。钙对维持神经、肌肉的正常生理功能，维持心脏正常活动、酸碱平衡及促进血液凝固等均有重要作用。钙、磷缺乏时，鸭的采食量下降，饲料利用率降低，生长停滞，出现异食癖和佝偻病，产蛋鸭骨质疏松，产蛋量下降，蛋壳变薄、软壳或无壳；钙含量过高时，则会影响其他营养物质的吸收利用，如过多的钙与日粮中的脂肪形成不溶性的脂肪酸钙，会抑制磷、铁、锰及锌的吸收利用，还会导致鸭肾脏病变、内脏痛风、输尿管结石；日粮中磷含量太高时，会引起鸭骨的重吸收，容易出现骨折、跛行和腹泻，肋骨组织软化会影响正常呼吸，严重时导致窒息死亡。除应注意满足钙和磷的需要外，还需特别注意钙磷比例。一般情况下，生长鸭日粮中钙磷比例为（1~2）:1，产蛋鸭日粮中钙磷比例为（5~6.5）:1。

（2）**钠和氯**　钠和氯具有调节渗透压，维持神经和肌肉兴奋，增加饲料适口性，增进食欲等作用。食盐不足会引起鸭食欲下降，消化不良，饲料利用率降低，生长缓慢和体重减轻，且易产生啄羽、啄肛等异食癖。日粮中食盐含量以0.25%~0.4%为宜。如果盐分过多，轻者引起鸭腹泻，重者引起鸭中毒死亡。配制饲料时要混合均匀。

（3）**铁和铜**　铁主要存在于血红素中，肌红蛋白和一些酶中也少量存在。日粮中缺铁时，导致鸭发生营养性贫血，生长迟缓，羽毛无光；铁过量时，采食减少，体重下降，影响磷的吸收。鸭对铁的需要量为45~80毫克/千克体重。铜有利于铁的吸收和血红素的形成。缺铜时，会引起鸭贫血，骨质疏松，生长受阻，羽毛特别是黑色和灰色羽褪色，产蛋率、孵化率降低，不利于钙磷的吸收；铜过量表现为鸭生长受阻，食欲差，贫血，羽毛生长不良，肌肉营养不良，产蛋率和种蛋孵化率下降等。鸭对铜的需要量为6~10毫克/千克体重。

（4）**锰**　锰与磷、钙的代谢，骨骼生长、造血、免疫及繁殖有关，主要存在于鸭的血液、肝脏中。缺锰时，鸭关节肿大，骨骼短粗，患"滑腱"症，蛋壳薄脆，种蛋受精率、孵化率低，胚胎畸形，毛短硬或无毛，出壳前1~2天死亡。每千克日粮锰含量应为40~100毫克。

（5）**锌**　锌有助于锰、铜的吸收，参与酶系统的作用，与骨骼、羽毛的生长发育有关。雏鸭缺锌时，饮水与采食量减少，生长迟缓，羽毛碎乱而卷曲，皮屑增多。生长鸭缺锌表现为严重皮炎，骨发育异常；产蛋鸭卵巢、输卵管发育不良，产蛋量和蛋壳品质下降。锌过量时，鸭精神沉郁，羽毛蓬乱，肝脏、肾脏、脾脏肿大，肌胃角质层变脆甚至糜烂，生长减慢。母鸭卵巢及输卵管萎缩，产蛋率下降，饲料报酬降低。每千克日粮中锌含量为 60～100 毫克。

（6）硒　缺硒时会出现渗出性素质，腹下皮肤呈蓝绿色，腹腔积液，心肌损伤，心包积液，肌肉营养不良，严重时发生白肌病，以骨骼肌和心肌最常见。但硒过量时会引起中毒。一般饲粮中所需的硒，常用亚硒酸钠和酵母硒补充，每千克日粮硒含量为 0.1～0.15 毫克。

（7）镁　雏鸭缺镁时，生长缓慢，严重时停止生长，呈昏睡状态，有短暂的痉挛，有时致死。产蛋鸭镁不足则产蛋量下降。高镁日粮不利于鸭生产，可引起鸭腹泻，采食量降低，生长受到抑制，骨化作用受到阻碍，运动失调等。母鸭日粮中镁含量超过 1% 时产蛋率下降，蛋壳变薄。每千克日粮含镁 500～600 毫克能满足各龄鸭生长生产和繁殖的需要，鸭日粮一般不用添加镁，缺镁时可在饲料中补加硫酸镁、氯化镁或碳酸镁。

（8）硫　鸭体内大部分硫存在于肌肉组织和骨骼中，皮肤和羽毛含硫量也较高。硫主要是通过体内的含硫有机物起作用，如含硫氨基酸合成体蛋白、羽毛及多种激素。硫胺素参与碳水化合物代谢。鸭缺硫易发生啄癖，食欲降低，产蛋率下降，蛋重减轻。若硫含量低，可通过添加蛋氨酸、硫酸钠的形式补充。

4. 维生素

维生素是维持鸭生长发育及体内正常代谢活动所必需的一类微量物质，可以调节机体代谢和碳水化合物、脂肪、蛋白质代谢。但需要量极少，常以毫克、微克计算。当某种维生素不能满足机体正常生理需要时，鸭就会表现出维生素缺乏症。鸭所需要的维生素按其溶解性分类，可分为脂溶性维生素和水溶性维生素两大类。脂溶性维生素必须溶于脂肪中才能被吸收，主要指维生素 A、维生素 D、维生素 E 和维生素 K。水溶性维生素可溶于水中被吸收，包括 B 族维生素和维生素 C（表7-2）。

表7-2　主要维生素的作用、常见缺乏症及每千克饲料中含量

名　称	主　要　作　用	缺　乏　症　状	每千克饲料中含量
维生素A	维持正常视觉和上皮组织的完整，促进骨骼发育，增强机体免疫力和抗病力	夜盲症、眼干燥症，生长发育受阻	2500～4000 国际单位

（续）

名　称	主　要　作　用	缺　乏　症　状	每千克饲料中含量
维生素 D	调节钙磷代谢和骨骼发育	生长发育不良，佝偻病，骨软症	2000 国际单位
维生素 E	维持生物膜的正常结构和功能，维持正常的生殖机能、肌肉和外周血管正常的生理状态	渗出性素质，肌肉营养不良，脑软化症	10～20 国际单位
维生素 K	促进肝脏合成凝血酶原，参与凝血	皮下、肌肉和胃肠道出血，凝血时间延长	2.0 毫克
维生素 B_1（硫胺素）	参与碳水化合物代谢，参与脂肪酸、胆固醇等的合成	食欲下降，生长不良，羽毛蓬乱，神经症状	1.5～2.0 毫克
维生素 B_2（核黄素）	细胞内黄酶的成分，直接参与蛋白质、脂肪和核酸的代谢	足跟关节肿胀；趾向内弯曲呈拳状；腿部麻痹。种鸭产蛋率、种蛋受精卵数量和孵化率下降	10 毫克
维生素 B_3（泛酸）	参与体内碳水化合物、脂肪和蛋白质的代谢	生长受阻，羽毛生长发育不良，食欲下降，鼻炎，脚皮增厚、角质化	10～20 毫克
维生素 PP（烟酸）	主要以辅酶的形式参与机体代谢，参与糖类、脂类和蛋白质的代谢	癞皮病、角膜炎、神经和消化系统的障碍等	50 毫克
维生素 B_{12}	参与核酸和蛋白质合成，促进红细胞发育，维持神经系统完整	生长停滞，饲料转化率下降，贫血，腿关节肿大	10 微克
维生素 B_6（吡哆醇）	形成转氨酶、脱羧酶的辅酶，直接参与含硫氨基酸和色氨酸的正常代谢	眼睑水肿鼓起，眼闭合，羽毛粗糙、脱落	3.0～4.0 毫克

（续）

名　　称	主　要　作　用	缺　乏　症　状	每千克饲料中含量
维生素 B_{11} （叶酸）	参与核酸、蛋白质的合成及红细胞的形成	生长缓慢，羽毛稀疏且缺乏色素，贫血	1.0 毫克
胆碱	参与脂肪代谢，防止脂肪变性	雏鸭生长缓慢，发生曲腱病，关节肿大等	1000 毫克
维生素 C	参与体内生物氧化反应，抗氧化、抗应激、提高免疫力和解毒等	坏血病，皮下、肌肉、胃肠黏膜出血	100 ~ 300 毫克

5. 水分

水分是构成鸭各种器官的主要成分，是生命过程不可缺少的物质，水在鸭的消化和吸收等代谢过程中起着重要作用，体温调节、呼吸、蒸发、散热等均离不开水。鸭机体内各种生物化学反应也必须借助于水来完成。雏鸭身体含水量约为 70%，成鸭身体含水量约为 50%，蛋含水量约为 70%。当气温高于 20℃时鸭饮水量开始增加，35℃时的饮水量为 20℃时的 1.5 倍。提高粗蛋白质水平会增加鸭饮水量。与饲喂粉料相比，饲喂碎粒料或颗粒料会同时增加鸭饮水和采食量，采食高能饲料比采食低能饲料对水的需要量低。鸭缺水比缺饲料危害更大，饮水不足会导致鸭食欲减退、饲料利用率降低、生长缓慢，严重时会引起鸭死亡。鸭的饮水量与气温和食盐含量有直接关系，气温越高、饲料中含盐量越高，饮水量越大。

【小经验】

　　鸭饮水量为饲料采食量的 2 ~ 2.5 倍，炎热气候增加到 3 ~ 4 倍。养鸭生产中，除提供洗浴用水外，还应提供充足、新鲜、清洁的饮水。

二、参考鸭的饲养标准

饲养标准是根据鸭的品种、性别、年龄、体重、生理状态、生产目的与生产水平等，科学地规定每只鸭每天应供给的能量和各种营养物质的数量。

1. 蛋鸭饲养标准

目前，我国还没有制定统一的蛋鸭饲养标准，生产中应用的主要有三种：一是畜牧学会或科研机构建议的产蛋鸭营养需要量（表7-3）；二是种鸭场自己制定的企业标准；三是养殖场根据自己的实践经验制定的营养需要量。

表7-3　蛋鸭的营养需要推荐量（中国农业科学院畜牧研究所、
浙江农业科学院畜牧兽医研究所）

营养指标	育雏期 (0~4周龄)	生长期 (5~8周龄)	育成期 (9~19周龄)	产蛋前期 (20~23周龄)	产蛋期 (24~70周龄)
代谢能/（兆焦/千克）	12.12	11.70	10.87	11.29	10.87
粗蛋白质（%）	19.5	17.5	15.0	17.5	18.5
赖氨酸（%）	1.10	0.85	0.65	0.72	0.76
蛋氨酸（%）	0.45	0.35	0.35	0.40	0.40
蛋氨酸＋胱氨酸（%）	0.80	0.68	0.60	0.65	0.70
苏氨酸（%）	0.70	0.55	0.45	0.55	0.58
色氨酸（%）	0.22	0.18	0.16	0.18	0.18
钙（%）	0.90	0.85	0.85	2.00	3.20
总磷（%）	0.65	0.60	0.55	0.55	0.60
非植酸磷（%）	0.42	0.38	0.35	0.37	0.37
食盐（%）	0.30	0.30	0.30	0.30	0.30
铜/（毫克/千克）	8	8	8	8	8
锌/（毫克/千克）	60	40	40	60	60
锰/（毫克/千克）	80	60	60	100	100
碘/（毫克/千克）	0.20	0.20	0.20	0.30	0.30
铁/（毫克/千克）	60	40	40	60	60
硒/（毫克/千克）	0.20	0.20	0.20	0.20	0.20
钴/（毫克/千克）	0.10	0.10	0.20	0.20	0.20
维生素A/（国际单位/千克）	6000	4000	4000	6000	6000

（续）

营养指标	育雏期 （0~4周龄）	生长期 （5~8周龄）	育成期 （9~19周龄）	产蛋前期 （20~23周龄）	产蛋期 （24~70周龄）
维生素D/（国际单位/千克）	1000	1000	1000	2000	2000
维生素E/（国际单位/千克）	20	10	10	20	20
维生素K_3/（毫克/千克）	1.5	1.5	1.5	2.5	2.5
维生素B_1（硫胺素）/（毫克/千克）	2.0	1.5	1.5	2.0	2.0
维生素B_2（核黄素）/（毫克/千克）	8	8	8	15	15
维生素B_3（泛酸）/（毫克/千克）	10	10	10	20	20
维生素PP（烟酸）/（毫克/千克）	30	30	30	50	50
维生素B_6（吡哆醇）/（毫克/千克）	4.0	3.0	3.0	4.0	4.0
生物素/（毫克/千克）	0.20	0.10	0.10	0.20	0.20
维生素B_{11}（叶酸）/（毫克/千克）	1.0	1.0	1.0	1.0	1.0
维生素B_{12}/（毫克/千克）	0.020	0.010	0.010	0.020	0.020
胆碱/（毫克/千克）	1000	1000	1000	1500	1500

2. 肉鸭饲养标准

目前，我国肉鸭饲养生产中应用的饲养标准主要有两种：一是农业行业标准，如肉鸭饲养标准；二是种鸭场自己制定的企业标准，如樱桃谷鸭饲养标准等。

（1）《肉鸭饲养标准》（NY/T 2122—2012） 该标准中规定的商品代北京鸭营养需要量见表7-4。

表7-4 商品代北京鸭营养需要量

营养指标	育雏期（1~2周龄）	生长期（3~5周龄）	肥育期（6~7周龄）	
			自由采食	填饲
代谢能/（兆焦/千克）	12.14	12.14	12.35	12.56
粗蛋白质（%）	20.0	17.5	16.0	14.5
赖氨酸（%）	1.10	0.85	0.65	0.60
蛋氨酸（%）	0.45	0.40	0.35	0.30
蛋氨酸+胱氨酸（%）	0.80	0.70	0.65	0.55
色氨酸（%）	0.22	0.19	0.16	0.15
精氨酸（%）	0.95	0.85	0.70	0.70
异亮氨酸（%）	0.72	0.57	0.45	0.42
苏氨酸（%）	0.75	0.60	0.55	0.50
钙（%）	0.90	0.85	0.80	0.80
总磷（%）	0.65	0.60	0.55	0.55
非植酸磷（%）	0.42	0.40	0.35	0.35
钠/（毫克/千克）	0.15	0.15	0.15	0.15
氯/（毫克/千克）	0.12	0.12	0.12	0.12
铜/（毫克/千克）	8.0	8.0	8.0	8.0
锌/（毫克/千克）	60	60	60	60
锰/（毫克/千克）	100	100	100	100
碘/（毫克/千克）	0.40	0.40	0.30	0.30
铁/（毫克/千克）	60	60	60	60
硒/（毫克/千克）	0.30	0.30	0.20	0.20
维生素A/（国际单位/千克）	4000	3000	2500	2500
维生素D_3/（国际单位/千克）	2000	2000	2000	2000
维生素E/（国际单位/千克）	20	20	10	10
维生素K_3/（毫克/千克）	2.0	2.0	2.0	2.0
维生素B_1（硫胺素）/（毫克/千克）	2.0	1.5	1.5	1.5

（续）

营养指标	育雏期 （1～2周龄）	生长期 （3～5周龄）	肥育期（6～7周龄）	
			自由采食	填　饲
维生素 B_2（核黄素）/（毫克/千克）	10	10	10	10
维生素 B_3（泛酸)/(毫克/千克)	20	10	10	10
维生素 PP（烟酸)/(毫克/千克)	50	50	50	50
维生素 B_6（吡哆醇）/（毫克/千克）	4.0	3.0	3.0	3.0
维生素 B_{12}/（毫克/千克）	0.02	0.02	0.02	0.02
生物素/（毫克/千克）	0.15	0.15	0.15	0.15
维生素 B_{11}（叶酸)/(毫克/千克)	1.0	1.0	1.0	1.0
胆碱/（毫克/千克）	1000	1000	1000	1000

（2）企业标准　如《樱桃谷超级肉鸭 SM3 父母代和商品代饲养管理手册》中规定的，SM3 大型商品肉鸭饲料营养最低需求量见表 7-5。

表 7-5　SM3 大型商品肉鸭饲料营养最低需求量推荐表

项　　目	日龄/天			
	0～9	10～16	17～42	43～屠宰日
代谢能/(兆焦/千克)	11.92	12.13	12.13	12.34
粗蛋白质（%）	22.0	20.0	18.5	17.0
总赖氨酸（%）	1.35	1.17	1.00	0.88
可利用赖氨酸（%）	1.15	1.00	0.85	0.75
总蛋氨酸（%）	0.50	0.47	0.42	0.42
总蛋氨酸 + 胱氨酸（%）	0.90	0.84	0.75	0.70
可利用蛋氨酸 + 胱氨酸（%）	0.80	0.75	0.66	0.66
总苏氨酸（%）	0.90	0.85	0.75	0.75

（续）

项　　目	日龄/天			
	0～9	10～16	17～42	43～屠宰日
总色氨酸（％）	0.23	0.21	0.20	0.19
脂肪（％）	4.00	5.00	4.00	4.00
亚油酸（％）	1.00	1.00	0.75	0.75
纤维素（％）	4.00	4.00	4.00	4.00
钙（最低,％）	1.00	1.00	1.00	1.00
可利用磷（最低,％）	0.50	0.50	0.32	0.30
钠（最低,％）	0.20	0.18	0.18	0.18
钾（最低,％）	0.60	0.60	0.60	0.60
氯化物（％）	0.20	0.18	0.17	0.16
胆碱/（毫克/千克）	1500	1500	1500	1500
维生素和微量元素补充	1.0	1.0	2.0	2.0

三、选择适宜的育肥方式

1. 放牧育肥

　　放牧育肥是我国肉鸭的传统饲养方式，包括草地散养、林地散养、稻田散养、湿地散养、浅水放养等，具有耗料少、成本低、肥度好等优点。该方法主要是结合夏收、秋收，在水稻或小麦收割后，将肉鸭赶至田中，觅食天然饲料，以达到育肥目的。我国许多地方野生动植物饲料丰富，尤其是南方，每年有 3 个放牧育肥期可养肉鸭，即春花田时期、早稻田时期、晚稻田时期，后两个时期是农作物收获季节，田地里有"落谷"；春花田时期，田地里有草和草籽，还有野生浮游生物。放牧育肥特别适合麻鸭类地方品种，其体形小、灵活、觅食力强。放牧时应慢赶慢放，使鸭吃饱吃好，少运动，以促进增重。

【小经验】

　　　　放牧时间一般上午、下午各 4 小时，中午将鸭赶到岸上休息。每天早、中、晚各补料 1 次，补料量视放牧觅食情况而定。

2. 舍饲育肥

　　舍饲育肥是肉鸭常用的育肥方式，在没有放牧条件或天然饲料较少的地区多采用此法。根据肉鸭的营养需要配制饲料，制成颗粒，任其自由采食，保证任何时候均有料吃，直至出栏。

3. 填饲育肥

此法是强迫肉鸭吞食大量富含碳水化合物的高能饲料，促使其在短期内快速育肥，以取得较好的增重效果。北京鸭育肥多采用此种方法，也称北京填鸭，历史悠久，独具特色。现以北京鸭为代表，介绍肉鸭的填饲育肥技术。

【小知识】

北京烤鸭之所以闻名于世，主要是填鸭品质好，肌肉间脂肪积聚均匀，肉质肥美，肉嫩味香，同时大大缩短育肥期，降低耗料量和伤残鸭。

（1）填饲时间　北京鸭饲养至 5～6 周龄、体重达到 1.75 千克以上时，转入强制育肥阶段（即填饲期），经 10～15 天的填饲期，体重达到 2.6 千克以上即可上市，供制作烤鸭用。

（2）填饲前的准备　填饲前按性别、体重、大小、体质进行分群，挑选体质健壮、发育正常的鸭填饲，淘汰病残鸭和弱鸭。填饲前应剪去鸭爪尖，以免填饲时抓伤操作人员。

（3）填饲饲料　填饲期一般为 2 周左右，日粮分前后 2 期，各填 1 周左右。前期饲料能量水平稍低，蛋白质水平稍高，后期饲料正好相反。填鸭饲料中须加入一定量维生素和微量元素，还要特别注意钙磷含量及比例。天气炎热时不能用水拌料，否则易变质。舍温不太高时，先加水将料调成糊状，放置 3～4 小时，使其软化，可以提高饲料消化率。

【注意】

水与干料之比为 6:4，每天填饲 4 次；填料后半小时内不饮水，其他时间自由饮水。

（4）填饲量　不同填饲期的日填饲量见表 7-6。

表 7-6　不同填饲期的日填饲量

填饲期/天	填饲量/克	填饲期/天	填饲量/克
1	150～160	4～5	200
2～3	175	6～7	225

（续）

填饲期/天	填饲量/克	填饲期/天	填饲量/克
8 ~ 9	275	12 ~ 13	400
10 ~ 11	325	14	450

（5）**填饲次数**　与日填饲量有关，填饲次数太少，填饲量不够，肝增重慢；次数太多，会影响鸭的休息和消化吸收，也不利肝增重。一般每天填 2 ~ 3 次，北京鸭等纯种鸭可填 3 次，时间安排在 6：00、14：00 和 22：00，骡鸭等杂交鸭可填 2 次，时间安排在 6：00 和 18：00。

【小经验】

　　填饲次数应根据鸭的消化能力而定，每次填料以鸭食管膨大部正好无饲料为宜，但又要填饱不欠料。

（6）**填饲方法**　分为手工填饲法和填料机填饲法两种。由于手工填饲劳动强度大、效率低，因此，多为民间传统生产中使用，商品化批量生产中一般都使用填料机填饲。

1）手工填饲法。手工填饲时，将配合饲料加适量开水调成面糕状，也可搓成小丸状。填饲时，操作人员坐在小凳上，将鸭固定在两腿之间，用左手拇指和食指撑开鸭嘴，用中指压住鸭舌，右手将饲料塞进口腔顶入食管填下即可，直到填饱为止。

2）填料机填饲法。填饲前将鸭赶入待填圈，每圈 100 只左右，再分批赶入填鸭小圈，每次赶入 10 ~ 20 只。填饲时，填饲者随手抓鸭，左手握鸭的头部，拇指与食指撑开上下喙，中指下压舌部，右手轻握鸭食管膨大部，轻轻将鸭嘴套在填饲管上，慢慢向前推送，让胶管插入咽下食管中，此时要使鸭体与胶管平行，以免刺伤食管，然后将饲料压进鸭的食管膨大部，随着饲料的压进，慢慢向外退出填料机。若使用手压填料机，右手向下按压填饲杆把，把饲料压入鸭食管中，填饲完毕，将填饲杆把上抬，再将鸭头向下从填饲管中退出。

（7）**出栏**　当填肥鸭尾根宽厚，翅根与肋骨交界处有大而突出的脂肪球，腹部隆起，体重达到 2.6 千克以上时，即可出栏上市。出栏前 6 小时停止填饲，供给充足饮水。缓慢将鸭抓入周转箱，每平方米不超过 10 只。运输途中注意平稳，防止剧烈颠簸，避免急刹车。

（8）**注意事项**　填饲要定时，一昼夜填 3 次，每 8 小时填 1 次。每次填饲前应检查消化情况，一般填饲后 7 小时左右饲料基本消化，如果触摸鸭颈部时发现仍有滞食，表明消化不良，应暂停填饲或少填，并在饮水中加入 0.3% 碳酸氢钠；填饲后要及时供给充足的清洁饮水，让鸭适当运动，以帮助消化，增强体质，防止出现残鸭；保持鸭舍清洁卫生，环境安静，光线暗淡，不得粗暴驱赶和高声吵嚷；保持舍内通风良好，凉爽舒适，促进鸭脂肪沉积。

四、选择科学的养殖模式

1. 蛋鸭养殖模式

（1）笼养模式　鸭舍为全封闭式，屋顶和墙壁具有良好的保温隔热性能，鸭舍两边墙体安装足够数量的大面积玻璃或塑料窗户，保证鸭舍有良好的采光和通风条件。宜采用自动喂料、饮水、光照和清粪系统，以及水帘、风机等通风降温系统。笼具设施应符合蛋鸭习性及特点（长 40 厘米、宽 35 厘米、高 40 厘米），以每只鸭占大于 600 厘米^2 笼位为宜。根据鸭喷射状排粪特点，笼层间应设挡粪板，避免上层鸭所排粪便落到下层鸭身上。笼养蛋鸭要选择体形小、成熟早、耗料少、产蛋多、适应性强的品种，如绍兴鸭、山麻鸭和金定鸭等，含有较高野鸭血统的品种不适合笼养。将饲养至 70～90 日龄体质健壮且经免疫接种的青年鸭笼养。不同品种由于开产时间不同，上笼时间可有所不同，一般在见蛋前 2 周上笼饲养比较合适。上笼时间最好选择在晴天，切忌雨天上笼。上笼后的第 1 周是饲养管理的关键期，要教会鸭自动饮水。方法：将鸭喙放在饮水处半分钟左右，每天 3 次。笼养条件下，需强化对维生素 D 和大颗粒钙源的补充。

 【小经验】

　　笼养蛋鸭蛋品质优于平养蛋鸭，青壳蛋鸭蛋品质优于白壳蛋鸭。就蛋品质而言，蛋鸭养殖以采用笼养模式、养殖青壳蛋鸭品种为宜。

相比传统地面平养，蛋鸭笼养的优势在于：土地利用率高，是地面平养的 2～3 倍；工人劳动效率高，人均饲养量提高 1 倍以上，饲料转化率提高 3%～5%，便于规模化生产；消毒免疫方便，能够有效控制疾病；可以及时淘汰生产性能低下个体，提高整体经济效益；节省垫料，减少废弃物排放量，鸭粪易于集中处理，减少粪污对环境的污染；鲜鸭蛋洁

净新鲜，易保存，利于食品安全生产；可以解决寒冷地区冬季蛋鸭产蛋不高的难题。

【提示】

蛋鸭笼养模式也存在诸多问题，如没有符合标准的笼具，无科学可行的笼养蛋鸭饲料配方，有些敏感性高的蛋鸭品种或品系不适合笼养，存在应激、软脚病、羽毛凌乱毛色差、卡头卡脖卡翅等问题。

（2）全封闭旱养模式　鸭舍建造及设备要求与笼养模式相同。舍内纵向分隔为活动区和产蛋区，两个区之间设有开闭通道；横向每隔 10～20 米设立隔断，每个养殖区面积为 100～150 米^2。活动区架设养殖网床，高度为 60～80 厘米，床面为塑料网或者金属网，采用硬质塑料漏粪地板则更好，因其强度高、耐用、拆装方便。产蛋区高度比活动区低 15～20 厘米，宽度为 50～80 厘米，铺垫 10～15 厘米厚稻草或者稻壳，方便蛋鸭做窝。

后备蛋鸭饲养至 70～90 日龄，即可入舍饲养，密度为 4～5 只/米^2。每天 21：00～22：00 打开进入产蛋区通道，次日 5：00～6：00 关闭，目的是限制蛋鸭在产蛋区的停留时间，保证产蛋区干燥和清洁卫生。饲养过程中，要注意减少应激，饲料中适当添加维生素 D。

（3）半旱养模式　栏舍和运动场均采取网上养殖。网架要坚固，方便管理人员行走。网孔直径为 2.5 厘米，网架高度为 40 厘米。运动场要有遮阳网（夏季降温兼防暴雨伤鸭），或者种植遮阴树木和瓜藤。运动场四周要有排污水沟。栏舍高度为 2.8～3 米，栏舍要有抗台风功能，通风良好。栏舍蛋鸭养殖密度以 7～10 只/米^2 为宜，运动场面积为栏舍的 50% 以上，每 1000 只鸭配水深 60 厘米左右面积为 40 米^2 的人工水池、容积为水池 2～3 倍的沉淀池、1 亩（1 亩≈666.7 米^2）消纳地。

运动场、栏舍网下鸭粪要利用不同饲养批次间的间隔期予以清理，一般一批清理一次鸭粪。鸭粪运送至肥料加工厂加工有机肥，或者堆肥发酵后直接作为蔬菜水果等的肥料。出现霜冻、下雪天气时，要延迟放鸭，甚至 24 小时关在栏舍内，但要在栏舍内供应充足饮水和饲料。要把饮水区的滴漏水引至栏舍外，以防少量饮水滴漏到鸭粪上发酵产生氨气。

（4）地面平养模式　鸭舍分为产蛋间、运动场（图7-1）和水池3部分。鸭舍内以木屑或稻草、麦秸（图7-2）等作为垫料，春夏季节因雨水多，每2~3天须更换或添加新垫料，以保持鸭舍的清洁、干燥，秋冬季节视卫生状况更换垫料。平养时，每平方米饲养初生至3周龄（育雏期）40~60只，4~8周龄10~12只，成年蛋鸭5~7只。地面平养适合大群饲养，劳动效率高，是目前蛋鸭主要的养殖模式。

图7-1　鸭舍内的运动场

图7-2　备用的麦秸垫料

【提示】

　　地势较低的地方采用地面平养最大的问题是垫料潮湿，若不注意饮水设备的防漏和通风，垫草常呈泥状，同时需要消耗大量的垫草，而且更换出的垫草如何进行及时堆积发酵处理和利用也是需要考虑的问题。

2. 肉鸭养殖模式

（1）**网上平养模式**　鸭舍内离地 40～50 厘米架设支撑横架，上铺塑料垫网或金属网、竹竿栅板，金属网孔径为 2～3 厘米，雏鸭阶段要在金属网上面铺设孔径 17 毫米×35 毫米的塑料网（彩图 17）。采用吊塔式饮水器或水槽饮水，因鸭喜戏水，水槽或吊塔式饮水器要靠墙安置，并在下面设置水沟，漏掉的水顺水沟排出，避免水粪混合，导致舍内氨气浓度增加。雏鸭前 3 天采用浅料盘喂料，以后改用料桶或料槽，料桶要均匀放置在网上，料桶下面放一块直径比料桶大的塑料布，防止饲料浪费。使用料槽喂料，料槽安放位置不要靠近水槽或饮水器，避免弄湿饲料。采用全期一次清粪。肉鸭出栏后，将塑料垫网或金属网和支撑架拆除，清除粪便后，冲洗鸭舍并消毒。网上平养模式的优点是饲养密度比地面垫料饲养大，鸭不接触粪便有利于疾病防控；缺点是夏季生长速度比地面垫料饲养慢，饲料浪费稍大。

（2）**地面垫料饲养模式**　地面铺设垫料，炎热季节可以铺设细沙，其他季节在地面铺设垫草，1 周龄雏鸭用垫草。垫料厚度一般为 8～10 厘米，并经常翻动和定期更换部分或全部垫料，保持垫料干燥、清洁（彩图 18）。夏季使用垫沙有利于防暑降温，垫沙也要及时更换，湿垫沙晒干后可重复使用，但重复使用次数不能太多。直接地面垫料饲养的喂料和饮水基本与网上平养相同，饲养密度稍小于网上平养，7 周龄饲养密度每平方米 4 只。地面垫料饲养模式的优点是设备简单、投资少，鸭生长速度明显快于网上平养；缺点是鸭直接接触粪便，不利于防病，鸭外观较差；要经常翻动、更换垫料，劳动强度大；饲养密度稍小。

（3）**网上和地面结合饲养模式**　前 2 周雏鸭阶段采用网上平养，然后改为地面垫料饲养。其优点是育雏舍铺设金属网，相对全期网上平养投资较少；雏鸭抗病力较弱，网上平养不接触粪便，有利于雏鸭防病，育肥鸭的抗病力相对强得多，发病相对较少；后期地面垫料饲养可以发挥肉鸭生长快的优势，夏季使用垫沙有利于防暑降温。

【小知识】

　　与网上平养和地面垫料饲养相比，网上和地面结合饲养模式肉鸭的发病率显著降低，羽毛质量水平、脾脏指数和盲肠乳酸杆菌数显著提高，大肠杆菌数和沙门菌数明显降低，可以显著提高肉鸭的健康水平。

　　（4）放牧饲养模式　南方水稻主产区习惯采用当地麻鸭品种以稻田放牧补饲的饲养方式生产肉鸭。该方式具有投资少、成本低、收益快等优点，是我国独具特色的农牧结合养鸭方式，但不太适合樱桃谷鸭、北京鸭等大型肉鸭品种。

　　（5）笼养模式　在保证通风的前提下，可提高饲养密度，一般每平方米可饲养 60～65 只。若分两层，则每平方米可养 120～130 只。笼养可减少鸭舍和设备的投资，减轻清理工作，还可采用半机械化设备，减轻劳动强度；不用垫料，既免去垫草开支，又使舍内灰尘少；雏鸭完全处于人工控制下，受外界应激小，有利于疾病防控。因此，笼养鸭生长发育迅速、整齐，比一般平养鸭生长快、成活率高。如北京鸭 2 周龄可达 250 克，体重比平养高 35.4%，成活率高达 96% 以上。缺点是管理不方便，肉鸭生长速度快，入笼后不久就需要进行疏散，几乎每周都要转笼，饲养管理技术要求高。

【提示】

　　目前，养殖场多采用单层笼养，但也有采用两层重叠式或半阶梯式笼养。选用何种类型，应该配合建筑方式，并考虑饲养密度、除粪和通风换气设备三者的关系而定。

五、创造适宜的环境条件

1. 温度

　　温度对鸭的生长、产蛋、蛋重、蛋壳品质、受精率与饲料转化率等均有明显影响，给鸭创造适宜的环境温度极为重要。鸭能在一定环境温度范围内，按本身的需要调整采食量，以保证摄取一定量的代谢能。低温环境下，鸭维持体温需要的能量多，采食量大；高温环境下，采食减

少。据报道，一般环境温度每升高1℃，估计采食量约下降1.1%。因此，高温时，鸭采食不到维持高产所需的足够量的饲料，需供给含蛋白质、能量及维生素等较高浓度的饲料，以保持高产。

2. 湿度

空气中湿度的变化与温度有密切关系，温度高时其所容纳的水汽量大，饱和水汽量大，故相对湿度反而降低；反之，温度降低时相对湿度升高。一般情况下，鸭舍内水汽含量经常高于舍外，鸭舍内很少有过于干燥的情况。不同阶段的鸭对空气湿度的要求不尽相同。雏鸭舍相对湿度应控制在55%～70%，育成鸭和成年鸭鸭舍分别为65%～75%、70%～80%。

【小知识】

湿度对鸭的影响只有在高温或低温情况下才明显，适宜温度下无大的影响。若温度适宜，相对湿度低至40%或高至85%，对鸭均无显著影响。

3. 通风

通风换气不仅可起到排污的作用，还可保持鸭舍内一定的气流速度，使鸭舍内呈现静止状态的空气加速流动，从而保证鸭舍内环境状况均匀一致。此外，通风换气可在一定范围内调节鸭舍内温湿度状况，通过控制通风量的大小及通风时间的长短，保持鸭舍内适宜的温度。鸭舍内外温差越大，通风效果越明显。在外界气温平均值达27℃以上时，通风系统中应采用冷却或降温措施，才能起到控制舍温的作用。

4. 光照

光照是鸭采食、饮水等活动的必要条件，对鸭的物质代谢、生长发育及生产性能的发挥起着至关重要的作用，还可影响鸭的休产、换羽、就巢等，对疾病的发生也具有较强的抑制作用。光照过强或过弱均会造成不良影响。光照过强时，鸭活动量增大，烦躁不安，相互争斗，出现啄羽、啄肛、啄趾等，薄壳蛋、破壳蛋、软壳蛋、畸形蛋显著增多，猝死率增加。光照过弱会使鸭的采食量下降，饮水量减少，生长发育受阻。

5. 饲养密度

不同类型的鸭饲养密度不同。同一类型的鸭日龄或生长阶段不同，饲养密度不同；同一类型的鸭，日龄虽相同，但由于饲养季节不同，鸭舍的大小不一样，饲养密度也不同。因此，建造鸭舍计算建筑面积时，要留有余地。饲养密度可根据季节、鸭舍面积及运动场大小来定。冬天适当多些，夏天适当少些；大面积的鸭舍，饲养密度适当大些，小面积的鸭舍，饲养密度适当小些；运动场大的鸭舍，饲养密度可适当大些，运动场小的鸭舍，饲养密度可适当小些。

第八章
熟悉诊断用药，向防控要效益

第一节　鸭病防治的误区

一、重治轻防

疫病对我国家禽养殖业的危害极为严重，不仅危害家禽健康，降低家禽的生产性能和养殖效益，而且给食品安全带来严重隐患，危害人类健康。鸭与鸡相比，抗病力较强。但我国现行饲养模式粗放，不利于鸭疫病的防控。更值得注意的是，我国大部分从业者对鸭疾病存在严重的错误认识，即"重治轻防"，对防疫认识不足，重视不够，存在侥幸心理。近年来，鸭病毒性肝炎、鸭坦布苏病毒病、鸭大舌病、鸭传染性浆膜炎、大肠杆菌病等给我国养鸭业造成重大经济损失。养鸭生产中，为防止疾病的发生，必须贯彻"预防为主，防治结合"的方针。若"重治轻防"或"只治不防"，平时预防措施不到位，等鸭患病后再治疗，不仅会消耗大量的人力、物力、财力，还可能难以控制疫病的扩散与流行，从而造成重大的经济损失。

二、科学防治观念淡薄

1. 用药疗程不合理

治疗鸭病时，有些养殖户发现鸭停止死亡，就不再用药。其实，用药疗程的长短要根据鸭病的种类和发病的具体情况而定。一般情况下，治疗呼吸道疾病的疗程为 5 ~ 7 天，治疗肠道疾病的疗程为 3 ~ 5 天。治疗鸭病时，抗生素一般连用 2 ~ 3 天，症状消失后再用 2 ~ 3 天；磺胺类药物，首次剂量加倍，连用 3 ~ 5 天，必要时还需配合健肾保肾的药物。

2. 药物选择不科学

治疗鸭病时，有的养殖户喜欢同时使用 2 种或 2 种以上的抗病毒药或抗生素。部分兽药店在给养鸭户提供兽药时，为了所谓的"保险起见"，经常针对 1 种鸭病，提供 2 种或 2 种以上的药物，甚至 3 种以上，不仅增加了成本，而且易导致耐药性的产生，增加以后治疗的难度。其实，关键要看药物的真假、药效的高低。只要药物有效，用 1 种抗生素或抗病毒药完全可以治愈，并非药物种类用得越多疗效越好。

3. 忽视对因治疗

在兽医临床中，许多养殖户重视对症治疗，忽视对因治疗。其实，在治疗鸭病时，必须弄清发病的具体原因和病原种类，然后进行对因治疗，效果才会更加理想。如鸭痛风病，只有找出发病原因，才能达到治疗的目的。若是饲料蛋白质水平偏高所致，一味用药治疗而不改变饲料配方，效果也不会理想；再如鸭消化道疾病，不能因为有腹泻的症状就直接用止泻药，而要分析是属于哪一种类型的消化道疾病，若可以用疫苗紧急接种治疗，就要立即接种疫苗，再配合抗病毒药使用。

4. 轻视消毒与管理

在饲养管理过程中，部分养殖户重视防疫，轻视平时的消毒与管理。几乎每个养殖户都能严格按照免疫程序接种疫苗，但在消毒问题上，虽然也知道消毒的重要性，但真正按照要求严格消毒的很少。有些养殖场虽然建有消毒池，但往往不考虑消毒池的宽度和深度，也不考虑消毒池是否经常受到阳光的直射，不注重消毒的效果。有些养殖户连消毒剂适合的消毒对象都搞不清楚，以为只要消毒就行。其实，目前常用的消毒剂种类很多，不同的消毒剂作用对象和使用范围不同。在使用时，要经常更换，不能长期使用同一种消毒剂。

5. 盲目免疫接种

主要表现在以下方面：一是喜欢选择中等偏强毒力的疫苗免疫，并加大剂量、增加免疫次数；二是随意减少疫苗接种的对象、次数和用量；三是免疫间隔不合理，间隔过短或过长的现象依然存在；四是认为疫苗接种数量、次数和用量越多越好；五是以高免卵黄或高免血清代替疫苗，导致免疫保护期短等。免疫接种不能盲目进行，必须要按照免疫程序科学接种。

6. 频繁使用药物预防

每年秋季和冬季，鸭群易发呼吸道疾病，部分鸭场喜欢在饲料中添加黄芪多糖、麻杏石甘散、清瘟败毒散等。其实，正确的预防措施应是接种疫苗、加强饲养管理、严格消毒，尤其要控制好鸭舍内的温度、湿度和加强通风，并杜绝外来人员和其他动物进入，以减少外来病原侵入

的机会。若在鸭群发病之前，就经常在饲料或饮水中添加防治呼吸道疾病的药物，不仅增加饲养成本，而且易使病原产生耐药性，增加以后治疗的难度。

三、使用违禁药

1. 食品动物中禁止使用的药品及其他化合物清单

食品动物中禁止使用的药品及其他化合物清单见表8-1。

表8-1　食品动物中禁止使用的药品及其他化合物清单

序号	药品及其他化合物名称	序号	药品及其他化合物名称
1	酒石酸锑钾	12	孔雀石绿
2	林丹	13	类固醇激素：醋酸美仑孕酮、甲基睾丸酮、群勃龙（去甲雄三烯醇酮）、玉米赤霉醇
3	汞制剂：氯化亚汞（甘汞）、醋酸汞、硝酸亚汞、吡啶基醋酸汞		
4	毒杀芬（氯化烯）	14	甲喹酮（安眠酮）
5	卡巴氧及其盐、酯	15	硝呋烯腙
6	呋喃丹（克百威）	16	五氯酚酸钠
7	氯霉素及其盐、酯	17	硝基咪唑类：洛硝达唑、替硝唑
8	杀虫脒（克死螨）	18	硝基酚钠
9	氨苯砜	19	己二烯雌酚、己烯雌酚、己烷雌酚及其盐、酯
10	β-兴奋剂类及其盐、酯		
11	硝基呋喃类：呋喃西林、呋喃妥因、呋喃它酮、呋喃唑酮、呋喃苯烯酸钠	20	锥虫砷胺
		21	万古霉素及其盐、酯

注：禁用动物种类为所有食品动物，可食组织及产品为所有可食组织及奶、蛋、蜂蜜等。

2. 禁止在饲料和动物饮用水中使用的药物品种目录（农业农村部公告第176号）

（1）肾上腺素受体激动剂　盐酸克伦特罗、沙丁胺醇、硫酸沙丁胺醇、莱克多巴胺、盐酸多巴胺、西马特罗、硫酸特布他林。

（2）性激素　己烯雌酚、雌二醇、戊酸雌二醇、苯甲酸雌二醇、氯烯雌醚、炔诺醇、炔诺醚、醋酸氯地孕酮、左炔诺孕酮、炔诺酮、绒毛膜促性腺激素（绒促性素）、促卵泡生长激素（尿促性素主要含卵泡刺激 FSHT 和黄体生成素 LH）。

（3）**蛋白同化激素**　碘化酪蛋白、苯丙酸诺龙及苯丙酸诺龙注射液。

（4）**精神药品**　（盐酸）氯丙嗪、盐酸异丙嗪、安定（地西泮）、苯巴比妥、苯巴比妥钠、巴比妥、异戊巴比妥、异戊巴比妥钠、利舍平（利血平）、艾司唑仑、甲丙氨酯、咪达唑仑、硝西泮、奥沙西泮、匹莫林、三唑仑、唑吡旦、其他国家管制的精神药品。

（5）**各种抗生素滤渣**　该类物质是抗生素类产品生产过程中产生的工业三废，因含有微量抗生素成分，在饲料和饲养过程中使用后对动物有一定的促生长作用。但对养殖业的危害很大，一是容易产生耐药性，二是由于未做安全性试验，存在各种安全隐患。

3. 禁止在饲料和动物饮水中使用的物质（农业农村部公告第 1519 号）

苯乙醇胺 A、班布特罗、盐酸齐帕特罗、盐酸氯丙那林、马布特罗、西布特罗、溴布特罗、酒石酸阿福特罗、富马酸福莫特罗、盐酸可乐定、盐酸赛庚啶。

4. 农业农村部关于决定禁止在食品动物中使用洛美沙星等 4 种原料药的各种盐、脂及其各种制剂的公告（农办医函〔2015〕37 号）

自 2016 年 1 月 1 日起，停止经营、使用洛美沙星、培氟沙星、氧氟沙星、诺氟沙星等 4 种原料药的各种盐、脂及其各种制剂。

5. 农业农村部决定停止在食品动物中使用喹乙醇、氨苯胂酸、洛克沙胂等 3 种兽药（农业农村部公告第 2638 号）

自 2018 年 5 月 1 日起，停止生产喹乙醇、氨苯胂酸、洛克沙胂等 3 种兽药的原料药及各种制剂，相关企业的兽药产品批准文号同时注销；自 2019 年 5 月 1 日起，停止经营、使用喹乙醇、氨苯胂酸、洛克沙胂等 3 种兽药的原料药及各种制剂。

【提示】

查询兽药企业及产品的真伪，可以登录中国兽药信息网"国家兽药基础数据库"查询或下载"国家兽药综合查询 APP"直接查询。

第二节　提高鸭病防治效益的主要途径

一、加强鸭病综合防治

1. 加强生物安全

科学选择场址，合理规划布局，实行全进全出的饲养制度，隔离饲养。规范日常的饲养管理，加强对饲养人员、外来人员、车辆及用具的管理，加强饲料、饮水管理。做好鸭场粪便及尸体等废弃物的无害化处理，做好灭蚊、灭蝇、灭鼠等工作，以减少疫病的传播。

2. 精心饲养管理

要根据鸭不同阶段对饲料营养、温度、湿度、密度、光照、通风及免疫的要求，提供适合其生产性能充分发挥和保持健康体质的环境条件，实行精细化管理。

3. 提供全面营养

营养与鸭生产性能、机体抵抗力及免疫水平等密切相关，因此，在生产实践中，一定要根据鸭的品种、类型、阶段等喂以适合的饲料，以满足营养需求。

4. 保持肠道健康

肠道是鸭吸收营养的主要部位，是其生长发育、饲料消化利用的根本。必须加强饲养管理，保证营养供给；控制细菌、病毒、寄生虫的感染程度；使用微生态制剂，调节肠道内环境，添加维生素，进行营养调控，合理用药，减少应激，以保证鸭的肠道健康。

 【小经验】

　　改善鸭肠道健康的饲料添加剂有微生态制剂、植物提取物、中药多糖、乳化剂、酵母培养物、N-乙酰半胱氨酸（NAC）等。

5. 科学免疫接种

通过给鸭接种某种抗原物质（疫苗或菌苗），刺激鸭体使之产生特异性抗体，从而提高鸭群对该种病原微生物侵袭的抵抗力，达到预防此病的目的，减少发生该种疾病的机会。有组织、有计划地进行免疫接种，是预防和控制鸭病的重要措施之一。特别对于那些病毒性传染病，由于无特效治疗方法，而且一旦发生损失较大，因此，科学制定免疫程序，有针对性地免疫接种是预防疫病的重要措施。

6. 严格消毒

消毒是通过采取化学、物理、生物等消毒方法将病原微生物抑制或杀灭的技术，最终达到预防疾病的目的。消毒环节主要包括鸭场环境、鸭舍、设备及用具、人员的消毒等，是保证鸭群安全健康生长的重要措施，实施消毒可预防和控制传染病的发生，对养殖成功起到很大的促进作用。

7. 药物预防

鸭传染病的种类较多，其中有的目前已研制出有效的疫苗，通过预防接种可以预防和控制其发生和流行。有些病特别是细菌性疾病，目前还未研制出或虽已研制出疫苗，但实际应用效果不佳。因此，对此类传染病平时除应加强饲养管理，搞好环境卫生和消毒，加强检疫工作外，使用适当的药物进行预防也是一项重要措施。

8. 减少应激

应激不仅可以降低鸭的生产性能、免疫力和产蛋率，而且还可诱发各种疾病甚至导致死亡。因此，要选用适合的品种，创造适宜的环境，科学地饲养管理，使用抗应激药物，保持鸭舍清洁，定期做好带鸭消毒、饮水及环境消毒，消除病原，做好疫病的防治，以减少应激对鸭的不良影响。

9. 重视福利

动物福利是指动物有机体的身体及心理与其环境维持协调的状态。就鸭而言，可以通过改善饲养环境，降低饲养密度，精心饲养管理，改善养鸭过程中的饲养设备和设施，以提高鸭在饲养中的福利。

10. 以鸭为本

养鸭的核心是鸭，因此，一切饲养管理要求都要从鸭本身出发，站在鸭的立场上去思考，通过对鸭行为的观察和研究，真正了解鸭需要什么，满足鸭的需要，而不是站在人的立场上，让鸭被动地接受。生产实践也证明了这一点。

二、做好鸭病的诊治

1. 流行病学诊断

主要通过问诊、视诊、触诊、嗅诊等方法，调查鸭群发病的时间、数量、日龄、发病率、死亡率、病程经过、免疫接种、用药情况、饲料

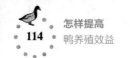

质量、饲喂方法及制度等，以便早期对疾病做出初步判断。

2. 临诊诊断

主要通过观察患病鸭群的临床症状进行诊断。如精神状态、食欲、饮水、呼吸、粪便、运动姿势、羽毛、产蛋量及蛋壳品质等。鸭常见临床症状及提示意义见表8-2。

表8-2 鸭常见临床症状及提示意义

检查项目	临 床 症 状	提 示 意 义
精神状态	精神沉郁	大多数疾病均会出现，意义不大
	极度沉郁	病情严重或濒死期
	精神尚可，但蹲伏于地	各种腿病
	突然炸群	鼠害、噪声、人员活动等引起的惊扰
	兴奋不安	药物、食盐等中毒
体温	体温升高	各种热性病
	体温下降	体质衰弱、严重营养不良、贫血及濒死期等
喙	色泽变浅	慢性消耗性疾病，如绦虫病、吸虫病、线虫病等
	色泽发紫	番鸭细小病毒病、鸭病毒性肝炎、禽霍乱、卵黄性腹膜炎、维生素E缺乏症等
	变形、上翘	感光过敏症或工厂废水引起的鸭中毒综合征
	变软、易扭曲	钙磷代谢障碍、维生素D缺乏症、氟中毒等
皮肤羽毛	羽毛蓬松、污秽、无光泽	慢性传染病、寄生虫病、营养代谢病等
	羽毛稀少	维生素PP、维生素B_{11}、维生素D及维生素B_3缺乏症
	羽毛松乱或脱落	B族维生素缺乏症和含硫氨基酸不平衡
	头颈部羽毛脱落	维生素B_3缺乏症
	羽毛脱落	70~80日龄鸭正常换羽引起的掉毛
	羽毛断裂或脱落多	外寄生虫病（如羽毛虱、羽螨）

（续）

检查项目	临床症状	提示意义
头部	头部皮下胶冻样水肿	鸭瘟、慢性禽霍乱及硒和维生素E缺乏症等
	头颈部肿大	注射灭活苗部位不当引起的肿胀，偶尔见于外伤感染引起的炎性肿胀
眼睛	眼球下陷	某些传染病、寄生虫病等因腹泻引起的机体脱水等
	眼结膜充血、潮红、流泪、眼睑水肿	禽霍乱、嗜眼吸虫病、禽眼线虫病、维生素A缺乏症
	眼睛有黏性或脓性分泌物	鸭瘟、衣原体病、副伤寒、大肠杆菌性眼炎及其他细菌或霉菌引起的结膜炎
	眶下窦肿胀，内有黏液性分泌物或干酪样物质	禽流感、衣原体病、支原体感染等
	眼结膜苍白	剑带绦虫病、膜壳绦虫病、棘口吸虫病、慢性鸭瘟等
	眼睛有黏液性分泌物流出，眼睑变成粒状	生物素、维生素B_3缺乏症等
	角膜混浊，流泪	衣原体眼炎、维生素A缺乏症，也见于氨气灼伤
	角膜混浊，严重者形成溃疡	慢性鸭瘟，也见于嗜眼吸虫病
	眼结膜有出血斑点	禽霍乱、鸭瘟等
	瞬膜下形成黄色干酪样小球、角膜中央溃疡	曲霉菌性眼炎
鼻孔	鼻孔及其窦腔内有黏液性或浆液性分泌物	曲霉菌病、鸭传染性浆膜炎、大肠杆菌病、支原体病等
	鼻腔内有牛奶样或豆腐渣样物	维生素A缺乏症
营养状况	全群营养不良、生长发育缓慢	饲料质量差或饲养管理不善
	全群均匀度差，部分营养不良、消瘦	慢性消耗性疾病，如肿瘤、寄生虫病等

（续）

检查项目	临床症状	提示意义
口腔	流出水样混浊液体	鸭东方杯叶吸虫病、鸭瘟等
	口腔流涎	鸭误食喷洒农药的蔬菜或谷物引起的中毒
	口腔流血	某些中毒病
	口腔内有刺鼻气味	有机磷及其他农药中毒（如有机磷农药中毒的大蒜味）
	口腔黏膜有炎症或有白色针尖大的结节	维生素 A 缺乏症和维生素 PP 缺乏症，也见于鸭采食被蚜虫或蝶类幼虫寄生的蔬菜或青草引起的口腔炎症
	口腔黏膜有黄白色、干酪样伪膜或溃疡	念珠菌病
食管膨大部（嗉囊）	食物不多	某些慢性疾病或饲料适口性差
	内容物稀软，有积液或积气	慢性消化不良
	单纯性积液或积气	体温过高或是支配唾液腺的神经发生麻痹所致
	有大量较硬的食物或异物	嗉囊梗阻
	膨大或下垂	嗉囊积食
	空虚	重病末期
腹部	下垂、膨大，触诊有波动感	卵黄性腹膜炎、成年鸭的淀粉样变性病
	缩小	慢性传染病和寄生虫病，如副伤寒、绦虫病等
泄殖腔	泄殖腔周围有稀粪沾污	腹泻性疾病，如副伤寒、大肠杆菌病、鸭瘟等
	泄殖腔周围有炎症、坏死和结痂	维生素 B_3 缺乏症
	泄殖腔黏膜充血或出血	各种原因引起的泄殖腔炎症，如前殖吸虫病、副黏病毒病、禽霍乱等
	泄殖腔黏膜坏死、溃疡	偶见葡萄球菌病
	泄殖腔黏膜充血、肿胀，严重者泄殖腔外翻	鸭瘟、隐孢子虫病、葡萄球菌病、慢性泄殖腔炎等

（续）

检查项目	临床症状	提示意义
运动姿势	行走摇晃，步态不稳	明显期的急性传染病和寄生虫病等，如鸭瘟、鸭球虫病及严重的绦虫病、棘头虫病、吸虫病等
	两腿行走无力，有痛感，常呈蹲伏姿势	佝偻病、骨软症、葡萄球菌关节炎等
	运动失调，倒向一侧	营养代谢病，如佝偻病、滑腱症及氟中毒等
	两肢交叉行走或运动失调，跗关节着地	维生素 E 缺乏症、维生素 D 缺乏症、传染性浆膜炎、病毒性肝炎等
	两肢不能站立、仰头蹲伏呈观星姿势	维生素 B_1 缺乏症
	两肢麻痹、瘫痪、不能站立	维生素 B_2 缺乏症、维生素 A 缺乏症
	企鹅样立起或行走	成年鸭淀粉样变性病、卵黄性腹膜炎
呼吸动作	气喘、咳嗽、呼吸困难	某些传染病，如曲霉菌病、传染性浆膜炎、链球菌病、大肠杆菌病、禽流感等，或某些寄生虫病，如隐孢子虫病、舟形嗜气管吸虫病等
神经症状	头颈麻痹	肉毒梭菌毒素中毒
	扭颈，神经症状	某些传染病，如番鸭细小病毒病、传染性浆膜炎等，某些中毒病和营养代谢病，如维生素 A 缺乏症、维生素 B_1 缺乏症等
声音	叫声嘶哑	鸭病晚期，如慢性鸭瘟、鸭结核病、鸭流感和副伤寒等，某些寄生虫病，如舟形嗜气管吸虫病
饮食状态	食欲减少	消化系统疾病、热性病、营养缺乏等
	食欲废绝	疾病后期
	食欲增加	饲料能量偏低、疾病好转、食盐中毒
	饮水增加	热性病、热应激、球虫病早期、腹泻、渗出性病理过程（如腹膜炎）、食盐中毒等

（续）

检查项目	临床症状	提示意义
饮食状态	饮水明显减少	环境温度低、药物有异味、病情严重等
	异食癖	某些营养物质（蛋白质、矿物质）缺乏、光照强度大等
粪便	粪便稀薄	细菌、霉菌、病毒和寄生虫引起的腹泻
	粪便呈石灰样	维生素 A 缺乏症、痛风、磺胺类药物中毒等
	粪便稀，带有黏稠、半透明的蛋清或蛋黄样	卵黄性腹膜炎、输卵管炎、前殖吸虫病等
	粪便稀，呈灰白色并混有白色米粒样物质（绦虫节片）	绦虫病
	粪便稀，呈黏液状并混有气泡	维生素 B₂ 缺乏症或采食过量蛋白质饲料引起的消化不良
	粪便稀，呈青绿色	传染性浆膜炎、肉毒梭菌毒素中毒及衣原体病等
	粪便稀，并混有暗红色或深紫色血黏液	球虫病、禽霍乱
	粪便呈血水样	球虫病，偶见于磺胺类药物中毒及呋喃丹中毒
腿、关节、脚和蹼	趾关节、跗关节肿胀、有波动感，有的含有脓汁	滑液囊支原体病、葡萄球菌病、沙门菌病等
	关节肿胀、有热痛感、关节囊内有炎性渗出物	葡萄球菌病、大肠杆菌病，也可见于慢性禽霍乱、链球菌病、传染性浆膜炎等
	跗关节和趾关节肿大	营养代谢病，如钙、磷、维生素 D 缺乏症等
	跖骨软、易折	佝偻病、骨软症及氟中毒引起的骨质疏松
	脚、蹼前端逐渐变黑、干燥，有时脱落	葡萄球菌病

（续）

检查项目	临床症状	提示意义
腿、关节、脚和蹼	脚、蹼发紫	卵黄性腹膜炎、维生素E缺乏症，也见于番鸭细小病毒病、鸭病毒性肝炎等
	脚、蹼干燥或有炎症	B族维生素缺乏症及各种疾病引起的慢性腹泻
	脚蹼趾爪蜷曲或麻痹	维生素B_2缺乏症
	脚蹼变形	感光过敏症，也可见于化学污染引起的畸形
	跗关节异常肿大，常一只腿从跗关节处屈曲而无法站立	锰缺乏症

3. 病理学诊断

主要是应用病理解剖学的方法，对患病死亡鸭进行剖检，查看其病理变化。剖检过程中应先从外到内，尽可能保持每个脏器的完好，力求通过剖检从中找出具有代表性的典型病变。鸭常见病理变化及提示意义见表8-3。

表8-3　鸭常见病理变化及提示意义

病变部位	病理变化	提示意义
皮肤	皮肤苍白	各种原因引起的贫血
	皮肤呈暗紫色	败血性传染病，如禽霍乱、鸭瘟等
	胸腹部皮肤呈暗紫色或浅绿色，皮下呈胶冻样水肿	维生素E和硒缺乏症
	皮下水肿	李氏杆菌病
	皮下出血	某些传染病，如禽霍乱、大肠杆菌病等
	胸部皮下化脓或坏死	外伤导致葡萄球菌、链球菌等感染
肌肉	肌肉苍白	各种原因引起的贫血
	肌肉出血	硒、维生素E及维生素K缺乏症
	肌肉坏死	维生素E缺乏症
	肌肉中夹有白色芝麻大小的梭状物	住肉孢子虫病，也见于葡萄球菌、链球菌等引起的肉芽肿
	肌肉表面有尿酸盐结晶	内脏型痛风

（续）

病变部位	病理变化	提示意义
胸腺	肿大、出血	某些急性传染病和寄生虫病，如鸭瘟、禽霍乱、传染性浆膜炎、住白细胞虫病
	有玉米粒大小的肿胀	成年鸭结核病
	胸腺萎缩	营养缺乏症
肝脏	肿大，表面有灰白色斑纹或有大小不等的肿瘤结节	网状内皮组织增殖症、淋巴白血病
	极度肿大，质地较硬	鸭淀粉样变性病
	肿大，有肉芽肿	大肠杆菌病
	肿大、瘀血，表面有散在或密集的坏死点	急性禽霍乱、副伤寒、大肠杆菌病、衣原体病等，有时也见于鸭瘟、传染性浆膜炎、病毒性肝炎、次睾吸虫病等
	肿大，呈青铜色或古铜色、墨绿色	大肠杆菌病、禽副伤寒、葡萄球菌病、链球菌病等
	肿大、硬化，表面粗糙不平或有白色针尖状病灶	慢性黄曲霉毒素中毒
	萎缩、硬化	腹水症晚期和成年鸭黄曲霉毒素中毒
	肿大，有结节状增生	成年鸭肝癌
	肿大，表面有纤维素覆盖	鸭传染性浆膜炎、大肠杆菌病等
	肿大，呈浅黄色脂肪变性，切面有油腻感	脂肪肝综合征、维生素E缺乏症、住白细胞虫病等
	呈深黄色或浅黄色	1周龄以内健康雏鸭，或1年以上的健康成年鸭
胆囊与胆管	胆囊内有寄生虫	东方次睾吸虫病、台湾次睾吸虫病
	胆管内有寄生虫	后睾吸虫病
	胆囊充盈肿大	急性传染病，如禽霍乱、副伤寒、番鸭细小病毒病、鸭病毒性肝炎、鸭瘟等，某些寄生虫病，如东方次睾吸虫病、台湾次睾吸虫病、后睾吸虫病等

（续）

病变部位	病理变化	提示意义
胆囊与胆管	胆囊缩小	慢性消耗性疾病，如绦虫病、吸虫病等
	胆汁浓稠，呈墨绿色	急性传染病
	胆汁少、色浅或胆囊黏膜水肿	慢性疾病，如严重的肠道寄生虫病和营养代谢病
肾脏和输尿管	肾脏肿大、瘀血	副伤寒、链球菌病、螺旋体病等，也见于食盐中毒
	肾脏显著肿大，肿瘤样结节	淋巴白血病，也偶见于大肠杆菌引起的肉芽肿
	肾脏肿大，表面有白色尿酸盐沉着，输尿管和肾小管充满白色尿酸盐结晶	内脏型痛风，也见于副伤寒、维生素A缺乏症、磺胺类药物中毒及钙磷代谢障碍等
	输尿管结石	痛风及钙磷比例失调
	肾脏苍白	副伤寒、绦虫病、吸虫病、棘头虫病、球虫病及各种原因引起的内脏器官出血等
食管	食管黏膜有许多白色小结节	维生素A缺乏症
	食管黏膜有白色伪膜和溃疡	白色念珠菌病
	食管下段黏膜有灰黄色伪膜、结痂，剥去伪膜可见溃疡	鸭瘟
	食管下段黏膜有出血斑	呋喃丹中毒
腺胃和肌胃	腺胃和肌胃内有寄生虫	四棱线虫病（腺胃）、鹅裂口线虫病（肌胃）
	腺胃黏膜及乳头出血	禽霍乱、鸭流感、鸭副黏病毒病等
	腺胃壁增厚，腺胃黏膜出血、溃疡或坏死	四棱线虫病
	肌胃空虚，角质膜绿色	慢性疾病，多为胆汁反流所致
	肌胃角质层易脱落，角质层下有出血斑点或溃疡	鸭瘟、李氏杆菌病、住白细胞虫病、食用变质鱼粉等

（续）

病变部位	病理变化	提示意义
肠道	肠道有寄生虫	剑带绦虫、膜壳绦虫、棘头虫、棘口吸虫、东方杯叶吸虫（十二指肠）
		毛细线虫、异刺线虫、卷棘口吸虫、纤细背孔吸虫（盲肠）
	小肠增粗、黏膜粗糙、有灰白色坏死点和出血点	球虫病
	黏膜呈深红色或有出血点，肠腔有大量黏液和脱落黏膜	急性败血性传染病，如禽霍乱、副伤寒、链球菌病、大肠杆菌病、番鸭细小病毒病等
	肠黏膜出血或形成溃疡	棘头虫病、东方杯叶吸虫病等
	肠壁有大小不等的结节	成年鸭结核病，也见于鸭棘头虫病
	肠黏膜坏死	慢性副伤寒、坏死性肠炎、大肠杆菌病、维生素 E 缺乏症等
	肠管膨大，肠黏膜脱落，肠壁光滑、变薄，肠腔内形成浅黄色凝固性栓塞	慢性副伤寒
盲肠、扁桃体	盲肠黏膜糜烂	纤细背孔吸虫病
	盲肠出血，肠腔有血便，黏膜光滑	磺胺类药物中毒
	肿大、出血	某些急性传染病和寄生虫病，如禽霍乱、副伤寒、大肠杆菌病、鸭瘟、鸭球虫病等
腹腔	腹腔内有浅黄色或暗红色腹水及纤维素渗出	腹水综合征、鸭淀粉样变性病、大肠杆菌病、传染性浆膜炎等
	腹腔内有血液或凝血块	急性肝破裂，如副伤寒、脂肪肝综合征等
	腹腔内有浅黄色、黏稠的渗出物附着在内脏表面	卵黄性腹膜炎

（续）

病变部位	病理变化	提示意义
腹腔	腹腔器官表面有许多菜花样增生物或大小不等的结节	大肠杆菌肉芽肿、成年鸭结核病等
	腹腔内脏器官表面有石灰样物质沉着	内脏型痛风
脾脏	肿大，表面有大小不等的肿瘤结节	网状内皮组织增殖症、淋巴白血病
	有灰白色或黄色结节	成年鸭结核病
	肿大，有坏死灶或出血点	禽霍乱、副伤寒、衣原体病等
	肿大，表面有灰白色斑驳	李氏杆菌病、传染性浆膜炎、淋巴白血病、大肠杆菌败血症、副伤寒等
胰腺	肿大、出血或坏死、滤泡增大	急性败血性传染病，如禽霍乱、副伤寒、鸭病毒性肝炎、传染性浆膜炎、大肠杆菌病等，以及某些中毒，如肉毒梭菌毒素中毒等
	肉芽肿	大肠杆菌、沙门菌引起的病变
	萎缩	维生素 E 和硒缺乏症
气管、支气管和喉头	有黏液性渗出物	曲霉菌病、支原体病、鸭瘟等
	有寄生虫	舟形嗜气管吸虫病、支气管杯口线虫病
肺及气囊	肺瘀血、水肿	急性传染病，如禽霍乱、链球菌病、大肠杆菌败血症等
	肺有浅黄色小结节及气囊有灰黑色或浅绿色霉斑	雏鸭曲霉菌病
	肺及气囊有灰黑色或浅绿色霉斑	青年鸭或成年鸭曲霉菌病
	肺有浅黄色或灰白色结节	成年鸭结核病
	肺肉变或有肉芽肿	大肠杆菌病、沙门菌病
	胸、腹气囊混浊，囊壁增厚或含有灰白色或浅黄色干酪样渗出物	支原体病、大肠杆菌病、禽流感、传染性浆膜炎、副伤寒、链球菌病、衣原体病等

（续）

病变部位	病理变化	提示意义
心脏	心包积液或有纤维素渗出	禽霍乱、鸭瘟、大肠杆菌病、李氏杆菌病、衣原体病，以及某些中毒，如食盐中毒、氟乙酰胺中毒、磷化锌中毒等
	心包及心肌表面附有大量的白色尿酸盐结晶	内脏型痛风
	心冠脂肪出血或心内外膜有出血斑点	禽霍乱、鸭瘟、大肠杆菌败血症、肉毒梭菌毒素中毒、食盐中毒、棉籽饼中毒、氟乙酰胺中毒等
	心肌有灰白色坏死或有结节或肉芽肿样病变	李氏杆菌病、大肠杆菌病、副伤寒等
	心肌变性	维生素E和硒缺乏症、住白细胞虫病等
	心肌缩小、心肌脂肪消耗或心冠脂肪变成透明胶冻样	心肌严重营养不良，常见于慢性传染病，如结核病、慢性副伤寒及严重的寄生虫病
法氏囊	内有寄生虫	前殖吸虫病
	肿大、黏膜出血	鸭瘟、隐孢子虫病、前殖吸虫病，偶见严重的绦虫病等
	缩小	传染性浆膜炎、营养缺乏症
脑	小脑软化、肿胀，有出血点或坏死	雏鸭维生素E缺乏症
	脑膜有浅黄色结节	雏鸭曲霉菌病
	大脑呈树枝状充血及有出血点、水肿或坏死	雏鸭脑型大肠杆菌病、沙门菌病
甲状旁腺	肿大	雏鸭佝偻病、成年鸭骨软症
卵泡和输卵管	卵泡形态不整、皱缩干燥、变色、变形、变性	副伤寒、大肠杆菌病，偶见于慢性禽霍乱等
	卵泡外膜充血、出血	坦布苏病毒病、鸭流感、禽霍乱、副伤寒等

（续）

病变部位	病理变化	提示意义
卵泡和输卵管	卵巢肿大，肉样菜花状肿瘤	卵巢腺癌
	输卵管内有寄生虫	前殖吸虫病
	输卵管内有凝固性坏死物质	卵黄性腹膜炎、副伤寒、鸭流感等
	输卵管脱垂于肛门外	产蛋鸭进入高峰期营养不足或产双黄蛋、畸形蛋所致，也见于久泻不愈引起的脱垂
睾丸、阴茎	一侧或两侧睾丸肿大或萎缩、睾丸组织有多个坏死灶	偶见于公鸭沙门菌感染
	睾丸萎缩、变性	维生素 E 缺乏症
	阴茎脱垂、红肿、糜烂或绿豆大小的结节或坏死结痂	大肠杆菌病，有时也见于阴茎外伤感染所致
骨和关节	后脑颅骨软、薄	雏鸭佝偻病
	胸骨呈"S"状弯曲，肋骨与肋软骨连接部呈结节性串珠样	钙、磷、维生素 D 缺乏
	跗骨软、骨折	佝偻病、骨软症
	关节肿胀、关节囊内有炎性渗出物	葡萄球菌病、大肠杆菌病、链球菌病，也见于慢性禽霍乱、传染性浆膜炎
	关节肿大、变性	雏鸭佝偻病、生物素和胆碱缺乏症及锰缺乏症等，也见于关节痛风

4. 实验室诊断

主要包括微生物学诊断（染色镜检、分离培养等）、免疫学诊断（凝集试验、血凝抑制试验、琼脂扩散试验、胶体金免疫层析技术等）和分子生物学诊断（PCR 诊断技术）3 类。

三、合理使用兽药

1. 鸭的生理特点与合理用药的关系

鸭的生理特点与合理用药的关系具体见表8-4。

表8-4 鸭的生理特点与合理用药的关系

项　　目	生理特点	具体表现	合理用药
食性		玩水、喜欢在水中啄食	宜采用颗粒料给药，不宜采用粉料和饮水给药
消化系统	口腔构造简单，无牙齿，舌黏膜味觉乳头较少	味觉不发达，食物在口腔停留时间短	不宜用苦味健胃药，宜用助消化药
		味觉反应迟钝，不怕辣	可用辣椒素使鸭皮肤、蛋黄着色
		对咸味无鉴别能力	严格控制食盐用量，以防中毒
	无逆呕动作	不会呕吐	用催吐药无效，可行嗉囊切开术或导泻术
	肌胃角质膜坚实	消化能力强	丸剂、片剂均可消化吸收
	具有嗉囊，可暂存食物		嗉囊注射给药效果较好
	肠道短	食物在肠内存留时间短	用量要足，经常性添加药物，尽量注射给药
	对磺胺类药物吸收率高	对磺胺类药物敏感	易中毒，应减少用量或用药时间
	胆汁和胃液呈酸性，胰液和小肠液呈碱性	中肠道和后肠道呈酸性	青霉素在酸性条件下吸收率高，故口服效果较好
	缺乏胆碱酯酶	对抗胆碱药物敏感	慎用敌百虫等抑制胆碱酯酶药物
呼吸系统	有气囊，呼吸时均能气体交换	可增大药物的扩散面积和吸收量	可通过滴鼻或气雾给药
	咳嗽能力弱	无法咳出痰液	镇咳药无效，应对症治疗
	嗅觉比较发达		刺激性强的药物会影响其摄入

（续）

项　目	生 理 特 点	具 体 表 现	合 理 用 药
泌尿系统	无膀胱，尿在肾脏中生成后，经输尿管直接输送到泄殖腔与粪便一起排出	使用磺胺类药物易出现结晶尿	宜配合碳酸氢钠使用
	蛋白质代谢最终产物是尿酸	尿酸盐不易溶解，饲料中蛋白质含量过高、缺乏维生素A、肾脏损伤等，易引起尿酸盐沉积，导致痛风	控制蛋白质、维生素A及钙的含量
	肾小球体积小，毛细血管分支少，结构较简单，有效滤过压较低，滤过面积小	对肌内注射主要经肾脏排泄的链霉素、庆大霉素表现得尤为敏感	不宜长期、高剂量使用，易发生中毒
生殖系统	无明显发情周期和妊娠过程，胚胎发育在体外孵化	可经种蛋传播疾病	入孵前种蛋要进行消毒，或选用有针对性的药，经胚胎注射给药
	卵巢能产生许多卵泡，每个成熟的卵泡都有1个卵子，每成熟1个就排出1个卵子		禁用影响卵泡发育的药，如磺胺类药、抗球虫药、金霉素、氨茶碱、激素类等
其他系统	血脑屏障4周龄后才发育完善	此阶段易发生脑部疾病	用能穿透血脑屏障的药
		对某些物质，如食盐、磺胺类药等敏感	如磺胺类药易引起中毒，严格使用或不用
	体表羽毛密集		杀灭体外寄生虫，不能使用膏剂、糊剂药物

（续）

项 目	生理特点	具体表现	合理用药
其他系统	缺乏羟化酶		不能使用需要羟化代谢才能消除的药物（如樟脑、士的宁和巴比妥类等）
	无汗腺	怕热	防暑降温，应用维生素C、小苏打等抗应激药

2. 鸭常用的抗微生物药

抗微生物药是指对细菌、真菌、支原体、立克次体、衣原体、螺旋体和病毒等病原微生物具有抑制或杀灭作用的一类化学物质。鸭常用的抗微生物药见表8-5。

表8-5　鸭常用的抗微生物药

药物名称	临床应用	用法用量
青霉素G	链球菌病、葡萄球菌病、坏死性肠炎、禽丹毒及各种混合或继发革兰阳性菌感染	肌内注射：一次量，3万~5万单位/千克体重，2~3次/天，连用2~3天。内服：2万单位/只（雏鸭），连用3~5天
氨苄西林	大肠杆菌病、沙门菌病、巴氏杆菌病、葡萄球菌病及链球菌病等	混饮：60毫克/升，连用3~5天。混饲：100克/吨，连用3~5天。内服：10~20毫克/千克体重，2次/天。肌内注射：一次量，5~10毫克/千克体重，2次/天，连用2~3天
阿莫西林	敏感性革兰阳性菌和革兰阴性菌感染，如沙门菌病、禽霍乱、链球菌病、葡萄球菌病、大肠杆菌病、输卵管炎和腹膜炎等	混饮：60毫克/升，连用3~5天。内服：20~30毫克/千克体重，2次/天，连用5天
复方阿莫西林	敏感性革兰阳性菌和革兰阴性菌感染，如沙门菌病、禽霍乱、链球菌病、葡萄球菌病、大肠杆菌病、输卵管炎和腹膜炎等	混饮：0.5克/升，2次/天，连用3~5天

（续）

药物名称	临床应用	用法用量
头孢噻呋	禽霍乱、沙门菌病、大肠杆菌病、葡萄球菌病、链球菌病等	皮下注射（以头孢噻呋计），1 日龄雏鸭 0.1～0.2 毫克/只
磷酸头孢喹肟	传染性浆膜炎、大肠杆菌病及禽霍乱等	肌内注射：2～4 毫克/千克体重，1 次/天，连用 2～3 天。内服：20 毫克/千克体重，2 次/天，连用 3 天
链霉素	大肠杆菌病、沙门菌病、葡萄球菌病、慢性呼吸道病等	内服：10～20 毫克/千克体重，2 次/天，连用 2～3 天。肌内注射，10～15 毫克/千克体重，2 次/天，连用 2～3 天
庆大霉素	大肠杆菌病、沙门菌病、禽霍乱、葡萄球菌病、慢性呼吸道病、鸭传染性浆膜炎及腹膜炎、输卵管炎及败血症	肌内注射：雏鸭 3～5 毫克/千克体重，成年鸭 10～15 毫克/千克体重，2～3 次/天。混饮：20～40 毫克/升（肠道感染）或 50～100 毫克/升（腹膜炎、输卵管炎），连用 3～5 天
卡那霉素	大肠杆菌病、禽霍乱、沙门菌病、传染性浆膜炎及支原体病等	混饮：60～120 毫克/升，连用 3～5 天。肌内注射：10～15 毫克/千克体重，2 次/天。内服：30 毫克/千克体重，2 次/天，连用 3～5 天
硫酸庆大-小诺霉素	敏感菌所致的呼吸道和肠道感染，如大肠杆菌病、禽霍乱、沙门菌病、腹膜炎、输卵管炎及败血症	肌内注射：2～4 毫克/千克体重，2 次/天，连用 2～3 天
新霉素	革兰阴性菌所致的肠道感染，如大肠杆菌病、传染性浆膜炎、沙门菌病等	混饮：50～75 毫克/升，连用 3～5 天
大观霉素	革兰阴性菌及支原体感染，如大肠杆菌病、传染性浆膜炎、沙门菌病、禽霍乱、支原体病等	混饮：0.5～1 克/升，连用 3～5 天
安普霉素	大肠杆菌病、沙门菌病、禽霍乱等	混饮：0.25～0.5 克/升，连用 3～5 天

（续）

药物名称	临 床 应 用	用 法 用 量
土霉素	革兰阳性菌、革兰阴性菌及支原体感染，如禽霍乱、大肠杆菌病、传染性浆膜炎、沙门菌病、支原体病、葡萄球菌病、链球菌病、衣原体感染等	混饮：0.15~0.25 克/升，连用3~5天。混饲：100~300 克/吨。内服：25~50 毫克/千克体重，2 次/天，连用3~5 天
四环素	革兰阳性菌、革兰阴性菌及支原体感染，如禽霍乱、大肠杆菌病、传染性浆膜炎、沙门菌病、支原体病、葡萄球菌病、链球菌病、衣原体感染等	内服：10~20 毫克/千克体重，2 次/天，连用3~5 天
金霉素	低剂量可以促进生长、改善饲料利用率，中高剂量可预防或治疗支原体病、大肠杆菌病等	混饮：0.2~0.4 克/升。混饲：10~50 克/吨（促生长）
多西环素	革兰阳性菌、革兰阴性菌及支原体感染，如禽霍乱、大肠杆菌病、沙门菌病、支原体病、传染性浆膜炎等	混饮：0.3 克/升，连用3~5 天。内服：15~25 毫克/千克体重，1 次/天，连用3~5 天
红霉素	耐青霉素金黄色葡萄球菌感染和其他敏感菌所致的感染，如葡萄球菌病、链球菌病、支原体病、坏死性肠炎等	内服：10~40 毫克/千克体重，2 次/天，连用3~5 天。混饮：125 毫克/升，连用3~5 天
吉他霉素	革兰阳性菌、支原体引起的感染性疾病，如葡萄球菌病、链球菌病、慢性呼吸道病	混饮：0.25~0.5 克/升，连用3~5天。混饲：100~300 克/吨，连用5~7天。内服：25~50 毫克/千克体重，2 次/天，连用3~5 天
泰乐菌素	革兰阳性菌感染及支原体感染、坏死性肠炎等	混饮：0.5 克/升，连用3~5 天。混饲：0.5~1 克/千克，连用5~7 天。内服：25~50 毫克/千克体重，2 次/天，连用3~5 天。皮下注射：5~13 毫克/千克体重，1 次/天，连用2~3 天

（续）

药物名称	临床应用	用法用量
替米考星	支原体感染、禽霍乱等	混饮：75~150 毫克/升，连用 3 天
泰万菌素	革兰阳性菌、支原体引起的感染性疾病，如葡萄球菌病、慢性呼吸道病、气囊炎等	混饮：200~300 毫克/升，连用 3~5 天。混饲：100~300 克/吨，连用 5~7 天
甲砜霉素	敏感菌引起的呼吸道、尿路和肝胆系统感染等，尤其对大肠杆菌、沙门菌和巴氏杆菌引起的感染效果较好	内服：20~30 毫克/千克体重，2 次/天，连用 2~3 天。混饮：50 毫克/升，连用 3~5 天
氟苯尼考	大肠杆菌病、禽霍乱、慢性呼吸道病、传染性浆膜炎和沙门菌病等	混饮：100~200 毫克/升，连用 3~5 天。内服：20~30 毫克/千克体重，2 次/天，连用 3~5 天。肌内注射：20~30 毫克/千克体重，1~2 次/天，连用 2~3 天
林可霉素	革兰阳性菌、厌氧菌及支原体感染	混饮：150 毫克/升，连用 5~7 天
盐酸大观霉素盐酸林可霉素	沙门菌病、大肠杆菌病、支原体感染、传染性浆膜炎等	混饮：0.5~0.8 克/升，连用 3~5 天
硫酸黏菌素	革兰阴性菌所致的肠道感染	混饲：2~20 克/吨。混饮：20~60 毫克/升，连用 3~5 天
杆菌肽锌	促生长、防治细菌性肠炎	混饲：40~200 克/吨
泰妙菌素	慢性呼吸道病	混饮：125~250 毫克/升，连用 3~5 天
磺胺嘧啶	各种敏感菌引起的脑部、消化道、呼吸道感染，脑部细菌感染的首选药	内服：50~100 毫克/千克体重，首次量加倍。混饮：80~160 毫克/千克体重，2 次/天，连用 3~5 天
磺胺间甲氧嘧啶	敏感菌所致的全身或局部感染，特别对球虫病等有良好疗效	内服：100 毫克/千克体重（首次量），50 毫克/千克体重（维持量），2 次/天，连用 3~5 天。混饮：0.25~0.5 克/升，连用 3~5 天。混饲：0.5 克/吨，连用 5~7 天

（续）

药物名称	临床应用	用法用量
复方磺胺二甲嘧啶	沙门菌病、禽霍乱、葡萄球菌病、链球菌病等	混饮：5克/升，连用3~5天
磺胺对甲氧嘧啶	泌尿道、生殖道、呼吸道及体表局部的各种敏感菌感染，尤其对泌尿道感染疗效显著，可用于防治鸭细菌性感染及球虫病	内服：50~100毫克/千克体重，2次/天，连用3~5天
环丙沙星	敏感菌及支原体所致的各种感染性疾病，如大肠杆菌病、禽霍乱、沙门菌病、支原体病、葡萄球菌病	混饮：50~100毫克/升，连用3~5天。肌内注射：5~10毫克/千克体重，2次/天，连用3~5天
恩诺沙星	敏感菌及支原体所致的各种感染性疾病，如大肠杆菌病、禽霍乱、沙门菌病和支原体病	内服：5~10毫克/千克体重，2次/天，连用3~5天。混饮：50~100毫克/升，连用3~5天。肌内注射：5~10毫克/千克体重，2次/天，连用3~5天
甲磺酸达氟沙星	敏感菌及支原体所致的各种感染性疾病，如大肠杆菌病、禽霍乱、支原体病	内服：2.5~5毫克/千克体重，1次/天，连用3~5天。混饮：25~50毫克/升，连用3~5天。肌内注射：1.25~2.5毫克/千克体重，2次/天，连用3~5天
沙拉沙星	敏感菌及支原体所致的各种感染性疾病，如大肠杆菌病、沙门菌病、支原体病和葡萄球菌病	内服：5~10毫克/千克体重，2次/天，连用3~5天。混饮：50~100毫克/升，连用3~5天。肌内注射：2.5~5毫克/千克体重，2次/天，连用3~5天
二氟沙星	敏感菌及支原体所致的各种感染性疾病，如禽霍乱、支原体病。	内服：5~10毫克/千克体重，2次/天，连用3~5天
乙酰甲喹	大肠杆菌病、禽霍乱、沙门菌病和葡萄球菌病	混饲：50~100克/吨。内服，5毫克/千克体重，连用3~5天

（续）

药物名称	临床应用	用法用量
制霉菌素	鸭嗉囊真菌病、曲霉菌病	混饲：20～40克/吨（预防），80克/吨（治疗），连用3～5天；治疗雏鸭曲霉菌病，5000单位/只，青年鸭、成年鸭1万～2万单位/千克体重，或50万～100万单位/千克饲料，连用3～5天

【注意】

人用药和头孢类抗生素（兽用除外）禁止用于兽医临床。由于鸭病情轻重、病程长短、发病阶段、混合感染及生产厂家等因素影响，表中所列各种药物的用量应根据实际情况有所变化和调整，仅供参考。

3. 鸭常用的抗寄生虫药

抗寄生虫药是指能杀灭寄生虫或抑制其生长繁殖的物质。鸭常用的抗寄生虫药见表8-6。

表8-6　鸭常用的抗寄生虫药

药物名称	临床应用	用法用量
氨丙啉	防治鸭球虫病	混饲：100～125毫克/千克（预防），250毫克/千克（治疗）。混饮：60～100毫克/升（预防），250毫克/升（治疗），连用7天
盐酸氨丙啉磺胺喹噁啉钠	防治鸭球虫病	混饮：0.5克/升，连用3～5天
氯羟吡啶	防治鸭球虫病（鸭较敏感）	混饲：100～125毫克/千克（预防），250毫克/千克（治疗），连用3～5天
莫能霉素	预防球虫病，促进生长，改善饲料报酬	混饲：100～120毫克/千克

（续）

药物名称	临床应用	用法用量
盐霉素	防治鸭球虫病	混饲：60 克/吨
马杜拉霉素	防治鸭球虫病	混饲：3～5 毫克/千克
拉沙洛菌素	防治鸭球虫病	混饲：70～125 毫克/千克
地克珠利	防治鸭球虫病	混饲：1～2 克/吨。混饮：0.5～1 毫克/升
妥曲珠利	防治鸭球虫病	混饮：1 毫升（含甲基三嗪酮25 毫克）/升，连用 2 天
二硝托胺（球痢灵）	防治鸭球虫病	混饲：125 克/吨（预防），治疗量加倍
磺胺间甲氧嘧啶	防治鸭球虫病	混饮：0.25～0.5 克/升，连用 3～5 天
磺胺氯吡嗪钠	防治鸭球虫病	混饲：0.6 克/千克。混饮：0.3 克/升，连用 3 天
磺胺喹噁啉钠	对小肠球虫防治效果优于盲肠球虫	混饮：0.3～0.5 克/升，连用 3～5 天
阿苯达唑	驱除体内线虫，如异刺线虫、蛔虫、毛细线虫等	内服：一次量，20～30 毫克/千克体重
芬苯达唑	驱除胃肠道和呼吸道线虫，对蛔虫、毛细线虫和绦虫也有效	内服：一次量，10～50 毫克/千克体重
奥芬达唑	线虫病和绦虫病，成虫、幼虫均有效	内服：一次量，10～30 毫克/千克体重
氧苯达唑	驱除胃肠道线虫	内服：一次量，30～40 毫克/千克体重
甲苯达唑	驱除胃肠道线虫	内服：一次量，30～50 毫克/千克体重。混饲：50～125 毫克/千克

（续）

药物名称	临床应用	用法用量
左旋咪唑	胃肠道线虫的治疗，也可提高机体免疫力	混饲：50～100毫克/千克。混饮：25～50毫克/升（提高免疫力）。内服：25～50毫克/千克体重。肌内注射：25毫克/千克体重
伊维菌素	驱除胃肠道线虫和体外寄生虫，如蛔虫、毛细线虫、螨虫等	皮下注射：0.2毫克/千克。内服：0.2～0.4毫克/千克体重
阿维菌素	驱除胃肠道线虫和体外寄生虫，如蛔虫、毛细线虫、螨虫等	皮下注射：0.2毫克/千克。内服：0.4毫克/千克体重
阿苯达唑伊维菌素	驱除或杀灭线虫、吸虫、绦虫、螨等体内外寄生虫	规格：100克（阿苯达唑10克＋伊维菌素0.2克）。内服：1克/10千克体重
哌嗪	驱除鸭蛔虫、食道口线虫、尖尾线虫等	内服：一次量，0.25～0.5克/千克体重
氯硝柳胺	驱除各种绦虫	内服：一次量，50～60毫克/千克体重
吡喹酮	防治各种绦虫病及吸虫病	内服：一次量，10～20毫克/千克体重（绦虫病），50～60毫克/千克体重（吸虫病）
硝硫氰醚	用于防治蛔虫、钩虫等	内服：一次量，50～70毫克/千克体重
溴氰菊酯	防治体外寄生虫及杀灭环境卫生昆虫	灭蚊、蝇、蚋、蠓等，将乳油按1:1000稀释后喷洒，间隔8～10天再重复用药一次，按10～15毫克/米^{2}喷洒鸭舍、墙壁等，可有效杀灭有害昆虫
1%环丙氨嗪	用于控制鸭舍内蝇幼虫的繁殖生长	混饲：500克/吨，连用4～6周

4. 鸭常用兽药配伍禁忌

鸭常用兽药配伍禁忌见表8-7。

表 8-7　鸭常用兽药配伍禁忌

分　类	药　物	配伍药物	配伍结果
青霉素类	青霉素钠、钾盐；氨苄西林；阿莫西林	喹诺酮类、氨基糖苷类（庆大霉素除外）、多黏菌素类	效果增强
		四环素类、头孢菌素类、大环内酯类、酰胺醇类、庆大霉素	拮抗或疗效相抵或产生副作用，应分别使用、间隔给药
		维生素C、维生素B、磺胺类、氨茶碱、高锰酸钾、氯丙嗪、B族维生素、过氧化氢	沉淀、分解、失败
头孢菌素类	"头孢"系列	氨基糖苷类、喹诺酮类	疗效、毒性增强
		青霉素类、林可胺类、四环素类、磺胺类	拮抗或疗效相抵或产生副作用，应分别使用、间隔给药
		维生素C、维生素B、磺胺类、氨茶碱、氟苯尼考、甲砜霉素、多西环素	沉淀、分解、失败
氨基糖苷类	卡那霉素、阿米卡星、庆大霉素、大观霉素、新霉素、链霉素	抗生素类	尽量避免与其他抗生素类药联合应用，增加毒性或降低疗效
	大观霉素	青霉素类、头孢菌素类、林可胺类、TMP	疗效增强
	卡那霉素、庆大霉素	碱性药物（如碳酸氢钠、氨茶碱等）	疗效增强，毒性增强
		维生素C、维生素B	疗效减弱
		氨基糖苷同类药物、头孢菌素类	毒性增强
		酰胺醇类、四环素	拮抗作用，疗效抵消
		其他抗菌药物	不可同时使用

（续）

分　类	药　　物	配　伍　药　物	配　伍　结　果
大环内酯类	红霉素、替米考星、吉他霉素、泰乐菌素	林可胺类、麦迪霉素、螺旋霉素、阿司匹林	降低疗效
		青霉素类、无机盐类、四环素类	沉淀、降低疗效
		碱性物质	增强稳定性、增强疗效
		酸性物质	不稳定、易分解失效
		甲氧苄啶、三黄粉	稳定疗效
四环素类	土霉素、四环素、金霉素、多西环素	含钙、镁、铝、铁的中药（如石类、壳贝类、骨类、矾类、脂类等），含碱类、鞣质的中成药，含消化酶的中药（如神曲、麦芽、豆豉等），含碱性成分较多的中药（如硼砂等）	不宜同用，如确需联用应至少间隔 2 小时
		其他药物	四环素类药物不宜与绝大多数其他药物混合使用
酰胺醇类	甲砜霉素、氟苯尼考	喹诺酮类、磺胺类	毒性增强
		青霉素类、大环内酯类、四环素类、多黏菌素类、氨基糖苷类、氯丙嗪、林可胺类、头孢菌素类、维生素 B 类、铁制剂	拮抗作用，疗效抵消
		碱性药物（如碳酸氢钠、氨茶碱等）	分解、失效
喹诺酮类	"沙星"系列	青霉素类、链霉素、新霉素、庆大霉素	疗效增强
		林可胺类、氨茶碱、金属离子（如钙、镁、铝、铁等）	沉淀、失效

（续）

分　类	药　物	配伍药物	配伍结果
喹诺酮类	"沙星"系列	四环素类、酰胺醇类	疗效降低
		头孢菌素类	毒性增强
磺胺类	磺胺嘧啶、磺胺二甲嘧啶、磺胺甲噁唑、磺胺对甲氧嘧啶、磺胺间甲氧嘧啶	青霉素类	沉淀、分解、失效
		头孢菌素类	疗效降低
		酰胺醇类	毒性增强
		TMP、新霉素、庆大霉素、卡那霉素	疗效增强
	磺胺嘧啶	阿米卡星、头孢菌素类、氨基糖苷类、利卡多因、林可霉素、普鲁卡因、四环素类、青霉素类、红霉素	疗效降低或抵消或产生沉淀
抗菌增效剂	二甲氧苄啶、甲氧苄啶、三甲氧苄啶	磺胺类、四环素类、红霉素、庆大霉素、黏菌素	疗效增强
		青霉素类	沉淀、分解、失效
		其他抗菌药物	增效或协同作用
林可胺类	林可霉素	氨基糖苷类	协同作用
		大环内酯类、氟苯尼考	疗效降低
		喹诺酮类	沉淀、失效
多肽类	硫酸黏菌素	磺胺类、甲氧苄啶	疗效增强
	杆菌肽锌	青霉素类、链霉素、新霉素、金霉素、多黏菌素	协同作用、疗效增强
	恩拉霉素	吉他霉素、恩拉霉素	拮抗作用，疗效抵消，禁止合用
		四环素、吉他霉素、杆菌肽锌	

（续）

分 类	药 物	配 伍 药 物	配 伍 结 果
抗寄生虫药	苯并咪唑类	长期使用	易产生耐药性
		同类药物	易产生耐药性并增加毒性
	其他抗寄生虫药	长期使用	此类药物一般毒性较强，避免长期使用
		同类药物	毒性增强，间隔用药，确需同用应减少用量
		其他药物	易增加毒性或产生拮抗，尽量避免合用
助消化与健胃药	乳酶生	酊剂、抗菌剂、鞣酸蛋白、铋制剂	疗效减弱
	胃蛋白酶	中药	降低胃蛋白酶疗效，避免合用，确需合用应注意观察效果
		强酸、碱性、重金属盐、鞣酸溶液及高温	沉淀或灭活、失效
	干酵母	磺胺类	拮抗、降低疗效
	稀盐酸、稀醋酸	碱类、盐类、有机酸及洋地黄	沉淀、失效
	人工盐	酸类	中和、疗效减弱
	胰酶	强酸、碱性、重金属盐溶液及高温	沉淀或灭活、失效
	碳酸氢钠	镁盐、钙盐、鞣酸类、生物碱类等	疗效降低或分解或沉淀或失效
		酸性溶液	中和失效

(续)

分 类	药 物	配 伍 药 物	配 伍 结 果
平喘药	茶碱类（氨茶碱）	其他茶碱类、林可胺类、四环素类、喹诺酮类、氯丙嗪、大环内酯类、酰胺醇类	毒副作用增强或失效
		药物酸碱度	酸性药物可增加氨茶碱排泄、碱性药物可减少氨茶碱排泄
维生素类	所有维生素	长期使用、大剂量使用	易中毒甚至致死
		碱性溶液	沉淀、破坏、失效
		氧化剂、还原剂、高温	分解、失效
	B族维生素	青霉素类、头孢菌素类、四环素类、多黏菌素、氨基糖苷类、林可胺类、酰胺醇类	灭活、失效
		碱性溶液、氧化剂	氧化、破坏、失效
	维生素C	青霉素类、头孢菌素类、四环素类、多黏菌素、氨基糖苷类、林可胺类、酰胺醇类	灭活、失效
消毒防腐类	漂白粉	酸类	分解、失效
	酒精	氯化剂、无机盐等	氧化、失效
	硼酸	碱性物质、鞣酸	疗效降低
	碘类制剂	氨水、季铵盐类	生成爆炸性碘化氮
		重金属盐	沉淀、失效
		生物碱类	析出生物碱沉淀
		淀粉类	溶液变蓝
		甲紫	疗效减弱
		挥发油	分解、失效

（续）

分　类	药　物	配 伍 药 物	配 伍 结 果
消毒防腐类	高锰酸钾	氨及其制剂	沉淀
		甘油、酒精	失效
	过氧化氢	碘制剂、高锰酸钾、碱类、药用炭	分解、失效
	过氧乙酸	碱类如氢氧化钠、氨溶液等	中和失效
	碱类（生石灰、氢氧化钠等）	酸性溶液	中和失效
	氨溶液	酸性溶液	中和失效
		碘类溶液	生成爆炸性碘化氮

第九章
加强鸭病防治，向健康要效益

第一节 常见传染病的防治

一、常见病毒性传染病

1. 鸭瘟

鸭瘟（DP）是由鸭瘟病毒（DPV）引起的鸭的一种急性、热性、败血性传染病。临床特征为体温升高，两脚麻痹，腹泻，流泪和头颈部肿大，俗称"大头瘟"；血管损伤、组织出血、消化道黏膜疹性损害、淋巴器官损害、实质器官退行性病变等。

【诊断要点】

（1）认识病原 鸭瘟病毒属于疱疹病毒属，只有一个血清型。具有泛嗜性，分布于病鸭体内各组织器官及口腔分泌物和粪便中，其中以肝脏、脾脏、脑等组织含毒量最高。鸭胚或鸡胚细胞培养病毒能产生核内包涵体。

（2）了解规律

1）传染源。病鸭和潜伏期感染鸭，以及病愈不久的带毒鸭（至少带毒 3 个月）。

2）传播途径。主要经消化道传播，也可经交配、眼结膜和呼吸道黏膜等途径感染，水是本病的良好传播媒介。

3）易感对象。不同年龄、性别和品种的鸭均易感，以番鸭、麻鸭易感性较高，多见于成年鸭，尤其是产蛋鸭，30 日龄以内雏鸭发病较少。

4）流行特点。一年四季均可发生，一般以春夏之交和秋季流行最为严重。感染鸭群一般 3 ~ 7 天开始出现零星病鸭，再经 3 ~ 5 天陆续出现大批病鸭，流行过程一般为 2 ~ 6 周。

（3）临诊症状 潜伏期 2~7 天。精神萎靡，体温升高且持续不退，头颈缩起、食欲不振或废绝、饮水增加、羽毛蓬乱、两翅下垂。头颈部肿胀，俗称"大头瘟"。鼻腔流稀薄或黏稠分泌物，呼吸困难、叫声嘶哑，有的咳嗽。

初期眼流出浆液性分泌物，后期变为黏液性或脓性分泌物，眼部周围羽毛黏湿，眼睑因分泌物粘连不能张开。严重者眼睑水肿或翻出，眼结膜充血或点状出血，甚至形成溃疡。两脚无力、麻痹，行走困难甚至卧地不起，不愿下水活动，强迫驱赶后则很快回到岸上。

下痢，排绿色或灰白色稀粪。泄殖腔黏膜充血、出血、水肿，严重者黏膜外翻，用手翻开肛门，有黄绿色伪膜，不易剥离。产蛋量下降，甚至停产。

（4）解剖病变 全身皮肤、黏膜、浆膜和内脏器官有不同程度的出血斑点。头颈肿胀，切开肿胀皮肤，有浅黄色透明液体。食管黏膜有出血点并有灰黄色纵行排列的伪膜覆盖，剥离后见溃疡斑痕。食管膨大部与腺胃交界处有出血带，肌胃角质膜下有充血和出血。

肝脏表面和切面有大小不一和数量不等的灰白色或灰黄色坏死灶，坏死灶周围有环形出血带。胆囊肿大，充满黏稠胆汁。脾脏表面和切面有大小不等的灰黄色或灰白色坏死灶。

肠黏膜充血、出血，以十二指肠和直肠较为严重。泄殖腔充血、出血，黏膜表面覆盖一层棕褐色坏死痂块，不易剥离。

【防治要点】

（1）预防

1）避免从疫区引进鸭。引进时必须经过严格检疫，并隔离饲养 2 周以上，证明健康后方能合群饲养。禁止在鸭瘟流行区域和野水禽出没区域放牧。

2）加强饲养管理。保持鸭舍与环境清洁卫生，定期消毒。坚持全进全出饲养制度，最好每批次间空栏 3 周以上。保证饲料营养全面平衡。

3）免疫接种。目前常用的是鸭瘟活疫苗。雏鸭 7 日龄左右首免，0.5 毫升/只；20 日龄二免，1 毫升/只；开产前 10~15 天，加强免疫 1 次，2 毫升/只；以后每隔 3~4 个月免疫 1 次。或 20 日龄首免、3 月龄时加强免疫 1 次，以后每隔 4~5 个月免疫 1 次。

（2）治疗

［治疗原则］ 抗病毒，防止继发感染。

［用药原则］　生物制剂＋抗生素；中药制剂＋抗生素。

［一般用药］　鸭瘟活疫苗、高免血清或高免卵黄、中药制剂（清瘟败毒散、黄连解毒散、普济消毒散、黄芪多糖）、抗生素（氟苯尼考、环丙沙星、卡那霉素、多西环素等）。

［联合用药］　鸭瘟活疫苗＋氟苯尼考。

［建议方案］

方案1：鸭瘟活疫苗5~10倍量紧急接种；或高免血清或高免卵黄，肌内注射，1~2毫升/只，1次/天，连用1~3天。

方案2：板蓝根注射液1~4毫升、维生素C注射液1~3毫升、地塞米松1~2毫升，混合肌内注射，2次/天，连用3天。

方案3：清瘟败毒散、黄连解毒散、普济消毒散等按1%~2%混饲，连用3~5天。

方案4：氟苯尼考、环丙沙星、新霉素、多西环素等（任选1种或2种）混饮或混饲，连用3~5天。

2. 鸭流感

鸭流感是由A型流感病毒引起的鸭的一种急性、高度接触性传染病。由于鸭的品种、年龄、有无并发病、病毒株和外界环境条件的不同，临床症状和病理变化有很大差异。

【诊断要点】

（1）认识病原　A型流感病毒属于正黏病毒科。耐低温，不耐高温；亚型较多，各型之间缺乏交叉保护力，且易变异。根据其致病性可将禽流感分为高致病性（H_5、H_7）、低致病性或温和型（H_9）和无致病性禽流感3种。对鸭、鹅有致病力的毒株主要为H_5N_1、H_7N_1和H_9N_2。

（2）了解规律

1）传染源。患病鸭、带毒鸭、野生禽类和迁移性水禽。

2）传播途径。要经呼吸道传播，也可通过密切接触感染的禽类及其分泌物、排泄物、污染的水等传播。

3）易感对象。不同品种和日龄的鸭均易感，但纯种番鸭较其他品种更易感，1月龄以上鸭发病多见。

4）流行特点。一年四季均可发生，但以春冬两季为主要流行季节。

（3）临诊症状

1）减蛋型。初期轻度咳嗽或气喘，食欲、饮水、粪便及精神未见明显变化。产蛋量迅速下降，由95%可降至10%以下或停止；开产期鸭患病后很难有产蛋高峰，产出仅为正常蛋1/4～1/2重量的小型蛋、畸形蛋。经10～15天后产蛋量开始逐渐恢复，但常出现小型蛋和畸形蛋。

2）败血型。

① 番鸭。精神沉郁，食欲减退或废绝，两腿无力，不能站立，伏卧地上，缩颈、咳嗽、气喘，下痢，排白色或带浅黄色或浅绿色水样稀粪。有的头颈后仰或勾头，左右摇摆，尾部向上翘等。发病后2～3天内大批死亡，产蛋期感染后3～5天内迅速大幅度减蛋或绝蛋。

② 产蛋鸭。采食量减少，发病率为40%～50%，病死率为30%～40%。发病后3～5天内整个鸭群大幅度减蛋，甚至绝产，产畸形蛋。

3）脑炎型。多发于10～70日龄的番鸭、半番鸭和蛋鸭，发病率为60%～95%，病死率为40%～80%。精神委顿，食欲减少，咳嗽，排白色稀粪。间歇性转圈运动，应激下转圈的次数大幅度增加，转圈后倒地滚动，腹部朝天，两腿划动等。有的头颈部不断点头、歪头和勾头等。

（4）解剖病变

1）减蛋型。卵泡充血、出血、萎缩。输卵管蛋白分泌部有凝固的蛋清，卵泡破裂于腹腔，但无不良异味。

2）败血型。

① 番鸭。全身皮肤充血、出血，尤其是喙、头部皮肤和蹼更明显，呈紫红色。腹部皮下充血、出血和脂肪有散在性出血点。肝脏肿大，质地较脆，有条状或斑状出血；脾脏肿大、出血，有灰白色针头大坏死灶。心脏冠状脂肪有出血点，心肌有灰白色条状或块状坏死，心内膜有条状出血。胰腺充血和出血；肾脏肿大，呈花斑状出血。腺胃与食管、腺胃与肌胃交界处黏膜有出血带或出血斑。十二指肠黏膜充血、出血；空肠、回肠黏膜有间段性2～5厘米环状带，呈出血性或紫红色溃疡带，从浆膜即可清楚见到；直肠和泄殖腔黏膜常见有弥漫性针头大出血点。喉头和气管环黏膜出血。胸腺萎缩、出血；胸膜严重充血，胸膜及胸壁、腹腔有大小不一、形态不整、浅黄色纤维素附着。脑膜充血、出血，脑组织充血；法氏囊黏膜出血。卵泡充血、出血、萎缩；输卵管蛋白分泌部有凝固的蛋清，有的病例大卵泡破裂于腹腔中，使腹腔充满卵黄液，但无异常臭味。

② 产蛋鸭。其症状和病理变化类似于番鸭，但病变较轻，肠道仅有

轻微病变，生殖器官病变明显，与产蛋母番鸭相同。公鸭睾丸常见有一半出血。鸭群康复后一般要 30 天左右才能恢复较高的产蛋量。

3）脑炎型。脑膜充血，大脑组织有大小不一，小如芝麻绿豆大、大如小蚕豆大的灰白色坏死灶。心肌颜色变浅，像开水烫过样，有块状或条状灰白色坏死灶，心内膜有出血条斑。肺充血、出血。内脏器官如肝脏、肾脏、脾脏、胰腺及喉、气管、消化道、皮肤等组织器官，病变不典型或不明显。

【防治要点】

（1）预防

1）加强饲养管理，减少应激。严格消毒和隔离，避免病毒入侵。严禁外人进入生产区，严禁从疫区引入鸭或相关制品。粪便和尸体无害化处理。

2）免疫接种。常用的疫苗是重组禽流感病毒（$H_5 + H_7$）三价灭活疫苗（H_5N_1 Re-11 株 + Re-12 株，H_7N_9 H7-Re2 株）。免疫程序如下：

① 种鸭或蛋鸭。一般在 1~2 周龄用重组禽流感病毒（$H_5 + H_7$）三价灭活疫苗进行首免，5~6 周龄二免，11~12 周龄三免，产蛋前或 17~18 周龄四免。开产后，根据免疫抗体检测情况每隔 4~6 个月进行强化免疫 1 次。

② 商品肉鸭。生长期小于 70 天的商品肉鸭，7~10 日龄时用重组禽流感病毒（$H_5 + H_7$）三价灭活疫苗首免，35~40 日龄二免；生长期超过 70 天的商品肉鸭，可于 80 日龄三免。

（2）治疗

［治疗原则］ 抗病毒、防止继发感染和对症治疗。

［用药原则］ 中药制剂或转移因子 + 抗生素 + 退热 + 提高产蛋率。

［一般用药］ 转移因子（干扰素、白细胞介素）、中药制剂（双黄连、清瘟败毒散、银翘散、荆防败毒散等）、抗生素（氟苯尼考、环丙沙星、阿莫西林、多西环素等）、卡巴匹林钙、补脂增蛋散、激蛋散、加味激蛋散。

［联合用药］ 双黄连 + 阿莫西林 + 卡巴匹林钙 + 激蛋散。

3. 鸭病毒性肝炎

鸭病毒性肝炎（DVH）是由鸭肝炎病毒引起的雏鸭肝脏损伤的一种高致病性传染病。临床特征为运动失调，死后角弓反张，肝脏肿大及出血。

【诊断要点】

（1）认识病原　鸭肝炎病毒（DHV）按血清型可分为Ⅰ、Ⅱ、Ⅲ型，3个血清型之间无交叉感染。血清Ⅰ型可分为3个基因型，分别为基因Ⅰ型（传统血清Ⅰ型）、基因Ⅱ型、基因Ⅲ型（韩国型）。我国主要流行传统 DHV-Ⅰ型及其韩国新型变异株（NDHV）。

（2）了解规律

1）传染源。病鸭和带毒鸭，康复的雏鸭可经粪便排毒1~2个月。

2）传播途径。主要经呼吸道和消化道传播。鸭场中被污染的场地、饲料、水面、饲养用具、人员和车辆等均能传播。

3）易感对象。主要侵害3周龄以下的雏鸭，尤其对1周龄的雏鸭具有极强的致死性，病死率高达90%以上。

4）流行特点。一年四季均可发生，以冬、春季较为多见。

【提示】

目前，发生的新型肝炎不属于Ⅰ、Ⅱ、Ⅲ型，而属于其他血清型，其临床症状与Ⅰ型鸭病毒性肝炎相似，但两者在组织病变上有明显不同，主要是导致肾脏和脾脏明显病变，肾脏坏死，脾脏红髓、白髓界限变化明显。

（3）临诊症状　潜伏期1~2天，突然发病。精神委顿，食欲废绝，缩颈垂翅，离群呆滞，眼半闭，常蹲下，打瞌睡，结膜炎。全身性抽搐，运动失调，身体倒向一侧，头向后仰，角弓反张，两脚呈痉挛性运动。通常在出现神经症状后的几小时或几分钟内死亡。喙端和爪尖瘀血、呈暗紫色，少数病鸭死前排黄白色或绿色稀粪。发病较急的鸭突然死亡，常看不到任何症状。

（4）解剖病变　肝脏肿大、质脆，呈浅红色，表面密布有点状、斑点状出血或坏死灶，肝脏切面外翻、多汁，结构模糊。胆囊明显肿大，胆汁充盈、呈墨绿色。心包积液，心肌色浅、变软，心室扩张。

脾脏柔软，肿大，表面呈红白相间的斑驳状，切面外翻、多汁。胰腺肿大、出血，有的表面有细小的白色病灶。肾脏呈黄白色、肿大，表面血管明显。法氏囊肿大。脑血管明显易见、瘀血，扩张如树枝状。

【防治要点】

（1）预防

1）加强饲养管理，严格检疫。确保从健康种鸭场引进种鸭、种蛋和雏鸭，特别是对引进种鸭至少隔离观察半个月，用酶联免疫吸附试验等方法检查是否带鸭肝炎病毒，待确定其健康后再合群。

2）提供适宜的环境条件。鸭舍内保证适宜的温度、湿度、光照、洁净的空气、干燥的垫料，清洁沐浴水面和清净放牧区，减少各种应激因素。

3）坚持严格的防疫消毒制度。首先要禁止外人进入场区参观，场区门口和舍门口要设消毒池。场内环境和门口常用2%氢氧化钠溶液消毒，特别是场内环境要根据地面情况用足量的消毒剂消毒。饮水用具要经常刷洗，一般1~2天洗1次，然后可用百毒杀等消毒。

4）免疫接种。常用的疫苗是鸭病毒性肝炎活疫苗（A66株、CH60株）。建议免疫程序：成年种鸭开产前皮下注射2次，每次1毫升，间隔2周，开产后3个月再强化免疫1次，雏鸭1~3日龄每只注射0.5毫升；饮水免疫，剂量加倍。

（2）治疗

［治疗原则］ 抗病毒，保肝养肝，防止继发感染。

［用药原则］ 生物制剂＋保肝药＋抗生素。

［一般用药］ 鸭病毒性肝炎精制或冻干蛋黄抗体、保肝药（龙胆泻肝散、肝胆颗粒、维生素C等）、抗生素（头孢噻呋、盐酸大观霉素盐酸林可霉素、环丙沙星、多西环素等）。

［联合用药］ 鸭病毒性肝炎精制或冻干蛋黄抗体＋龙胆泻肝散或肝胆颗粒＋头孢噻呋。

［建议方案］

方案1：鸭病毒性肝炎精制蛋黄抗体（500毫升/瓶）加入0.3克头孢噻呋，混合皮下注射，1毫升/只；龙胆泻肝散1%~2%混饲（或0.5~1克/只）或肝胆颗粒1克/升混饮，连用3~5天。

方案2：防止继发感染，可用氟苯尼考、环丙沙星、卡那霉素、硫酸黏菌素、盐酸大观霉素盐酸林可霉素等（任选1种或2种）混饲或混饮。

4. 鸭坦布苏病毒病

鸭坦布苏病毒病是由鸭坦布苏病毒引起的一种急性传染病。临床特征为蛋鸭采食量和产蛋量下降、瘫痪，产蛋率从70%~90%下降至10%左右；雏鸭出现站立不稳、卧地不起等神经症状，死淘率为10%~30%，严重者高达80%，给养鸭业造成了严重的损失。

【诊断要点】

（1）认识病原　鸭坦布苏病毒（DTMUV）属于黄病毒科黄病毒属，单股正链 RNA 病毒，能抑制鸭对灭活疫苗和弱毒疫苗的体液免疫应答能力。

（2）了解规律

1）传播途径。可经鸭直接传播，又可经粪便排毒，污染环境、饲料、饮水、器具及运输工具等而造成传播，也可能经卵垂直传播。

2）易感对象。主要危害蛋鸭（绍兴鸭、台湾白改鸭、缙云麻鸭、山麻鸭、金定鸭、康贝尔鸭等），以麻鸭感染居多，主要发生于 120～300 日龄（以 210～280 日龄发病最为严重）。雏鸭（肉鸭）主要发生在 20～40 日龄，最早可见于 10 日龄雏鸭。

3）流行特点。发生迅速，传播速度快，发病范围广。发病率为 90%～100%，死亡率小于 10%，多数在 5% 以下。病程一般为 10～30 天。一般在 1 周左右可以感染一个养殖小区或聚养区的所有鸭群。一旦某个鸭场发病，很快以该场为中心，快速扩散，几天内可传遍周边区域，特别是在鸭棚密集区传播更迅速，发病更严重。

（3）临诊症状

1）肉鸭。精神沉郁，采食量下降，排绿色粪便，出现站立不稳、软脚等神经症状。

2）蛋鸭。精神沉郁，喜卧，不愿走动，采食量下降 20%～30%，饮水量明显减少。腹泻，粪便稀薄，呈绿色水样便。产蛋率急剧下降，可从 90% 以上降至 10% 以下，甚至绝产，产畸形蛋和软壳蛋。后期出现神经症状，驱赶时头颈抽搐，共济失调，步态不稳，双腿瘫痪，多数因饮水、采食困难衰竭死亡，死后呈角弓反张。

经过治疗后，1～2 个月逐渐恢复产蛋率，最高达到正常产蛋率的 70%，育成鸭发病后推迟开产时间。蛋种鸭恢复后期多数表现一个明显的换羽过程。

（4）解剖病变

1）肉鸭。脑膜充血、出血，肝脏肿大，脾脏肿大、出血、斑驳状或大理石样。

2）蛋鸭。卵泡初期充血、出血，中后期严重出血、变性和萎缩（彩图19）。严重时破裂，清稀蛋黄液流出，形成卵黄性腹膜炎。输卵管浆膜充血、黏膜出血（彩图20），内有胶冻样或干酪样物，子宫积存无

壳蛋或水样液。

肝脏肿大、黄染或黄红相间，表面有散在的出血点（彩图 21）。胆囊明显肿大。脾脏肿大、柔软，呈斑驳状或大理石样（彩图 22），部分极度肿大、出血并破裂。肾脏肿大、瘀血，部分有花斑样沉积。心脏表面有出血点，心肌和心内膜有条索状出血和瘀血斑（彩图 23）。肠道内容物呈污绿色或黑色，腥臭难闻（彩图 24）。胰腺有出血点和坏死点。气管内有脓性分泌物，脑充血。

【防治要点】

（1）预防

1）加强饲养管理，改善养殖环境。降低饲养密度，冬春季节注意通风和保温，保证鸭舍的温度和湿度。杜绝鸡、鸭和鹅混养。养殖场周围要保持清洁，污水、垃圾及卫生死角等要及时、彻底清除。

【提示】

由于坦布苏病毒属于蚊媒病毒类，因此，要做好杀虫、灭鼠、控制飞鸟的工作，夏、秋季节养殖场要做好驱蚊、灭蚊。

2）鸭场选址合理。建在背风向阳，排水方便，远离公路、活鸭交易市场、屠宰场及畜禽养殖场、畜产品加工厂等病毒易存在的地区；严禁从疫区引进种鸭；病死鸭及粪便要及时处理并实行焚烧等无害化处理。

3）免疫接种。常用的疫苗是鸭坦布苏病毒灭活疫苗（HB 株）、鸭坦布苏病毒活疫苗（FX2010-180P 株、WF100 株）。建议免疫程序（活疫苗）：商品肉鸭 5~7 日龄免疫 1 羽份；蛋鸭（种鸭）1~2 周龄首免，开产前 1~2 周二免；很多地区引进 60~80 日龄青年蛋鸭，建议开产前 4 周免疫 1 次，开产前 1~2 周免疫 1 次，每次 0.2 毫升/羽份。

（2）治疗

［治疗原则］　抗病毒，防止继发感染，修复卵巢和输卵管，增加产蛋量。

［用药原则］　中药制剂或细胞因子 + 抗生素 + 增蛋药。

［一般用药］　干扰素、转移因子、清解合剂、荆防败毒散、清瘟败毒散、清瘟解毒口服液、双黄连、维生素 C、激蛋散、加味激蛋散、抗生素（阿莫西林、环丙沙星等）。

［联合用药］　清瘟败毒散或干扰素 + 维生素 C + 阿莫西林 + 激蛋散。

［建议方案］

方案 1：转移因子、维生素 C 30 毫克/升饮水，清瘟败毒散按 1% ~ 1.5% 混饲，连用 3 ~ 5 天。

方案 2：清解合剂 2 毫升/升或清瘟解毒口服液 1 ~ 1.5 毫升/升混饮，小柴胡散 0.2% 混饲，连用 3 ~ 5 天。

方案 3：干扰素饮水，荆防败毒散 1% ~ 1.5% 混饲，阿莫西林 60 毫克/升混饮，连用 3 ~ 5 天。

5. 鸭圆环病毒病

鸭圆环病毒病是由鸭圆环病毒（DuCV）引起鸭的一种以生长迟缓并有零星死亡为主要特征的免疫抑制病。鸭感染后会发生原发性感染甚至死亡，免疫功能还会受到损害，易遭受其他病原的并发或继发感染，给养鸭业造成了巨大的经济损失。

【诊断要点】

（1）认识病原　鸭圆环病毒属于圆环病毒科圆环病毒属，是目前已知最小的鸭病毒。到目前为止，鸭圆环病毒尚未能在细胞系中培养成功。

（2）了解规律

1）传播途径。通过散在空气中的病毒粒子经过呼吸道传播，再经粪便排出。

2）易感对象。不同品种的鸭均易感，麻鸭、番鸭、半番鸭发病报道较多。6 周龄半番鸭和 10 周龄种番鸭感染后表现临床症状。若与其他病原混合感染，发病日龄会更低。

3）流行特点。感染率随着年龄的增加而下降。成年鸭很少发生单纯感染，而常与鸭瘟病毒、Ⅰ型鸭肝炎病毒、流感病毒、呼肠孤病毒、鸭疫里氏杆菌、大肠杆菌等混合感染。

【提示】

自 2006 年以来通过对福建、浙江、江西、广东、广西、山东、安徽、海南、河南 9 省主要养鸭区的番鸭、半番鸭、麻鸭等病鸭、病死鸭和同群中活的消瘦鸭进行检测，鸭圆环病毒感染的阳性率分别为 19.1%、25.2% 和 81.2%，总阳性率为 29.8%，表明在我国养鸭生产中鸭圆环病毒感染较为严重。

（3）**临诊症状** 羽毛发育不良、脱落，生长受阻、迟缓，体况消瘦，其体重只有同群同日龄未感染健康鸭体重的 1/3 ~ 1/2，呼吸困难，贫血，零星死亡。若与雏鸭肝炎病毒混合感染，则发病鸭病程急、死亡快，大多数死前头仰脚蹬、全身抽搐，部分鸭群打堆、眼半闭、缩颈、羽毛蓬松，少数拉黄白色稀粪。

（4）**解剖病变** 法氏囊坏死，卵巢、脾脏或胸腺出现不同程度的萎缩，有的伴发生产性能不同程度下降。

【防治要点】

（1）**预防** 禁止从疫区引种，加强饲养管理，改善鸭场的卫生环境，定期消毒。目前尚无可预防的疫苗。

（2）**治疗**

［治疗原则］ 抗病毒，提升免疫力，防止继发感染。

［用药原则］ 中药制剂或细胞因子 + 抗生素。

［一般用药］ 干扰素、转移因子、黄芪多糖、扶正解毒散、玉屏风口服液、清瘟败毒散、清瘟解毒口服液、双黄连、抗生素（氟苯尼考、阿莫西林、环丙沙星、多西环素等）。

［联合用药］ 黄芪多糖或转移因子 + 清瘟败毒散 + 多西环素。

［建议方案］

方案：黄芪多糖200毫克/升、多西环素300毫克/升、干扰素混饮，清瘟败毒散1% ~ 1.5%混饲，连用5天。

6. 鸭呼肠孤病毒病

鸭呼肠孤病毒病是由鸭呼肠孤病毒（DRV）引起的番鸭、鸭、半番鸭和鹅等水禽的一种急性传染病，可以感染番鸭、半番鸭、肉鸭和鹅等多种水禽，引起番鸭和鹅"出血性坏死性肝炎"（又称为番鸭"新肝病"）和肉鸭"脾坏死症"。

【诊断要点】

（1）**认识病原** 鸭呼肠孤病毒属于呼肠孤病毒科正呼肠孤病毒属新型鸭呼肠孤病毒，属于正呼肠孤病毒属的第 II 亚群。

（2）**了解规律**

1）鸭出血性坏死性肝炎。

① 传播途径。可经消化道水平传播，能否垂直传播仍未能得到科学数据的验证。

【提示】

　　临床调查发现，来源不明，或从外地疫区引进的鸭苗，雏鸭发病的概率远远高于普通鸭。

　　② 易感对象。多见于番鸭，其他品种的鸭（如半番鸭、麻鸭等）发病较少。常见于 4~26 日龄以内的雏番鸭、半番鸭，成年番鸭尚未见发病，其中 6~15 日龄的雏鸭居多，病程为 7~10 天。

　　③ 流行特点。一年四季均可发病，秋季为本病的高发季节。发病率从 5% 到 40% 不等，死亡率为 10%~50%，日龄越小或并发感染时其发病死亡率越高。

　　2）脾脏坏死症。

　　① 易感对象。主要见于 30 日龄以内的雏鸭，麻鸭、番鸭和北京鸭等各品种鸭都有发病。发病日龄最早的在 4 日龄发病，集中发病时间为 7~15 日龄，30 日龄以后的鸭很少见发病。

　　② 流行特点。一年四季均可发生，病死率可达 10%~20%，有时高达 50%~70%，病程较长可达 7~10 天。

　　(3) 临诊症状

　　1）鸭出血性坏死性肝炎。精神沉郁，食欲减退或废绝，缩颈、脚软，伏卧，伴有呼吸啰音。死前有神经症状，排绿色或黄色稀粪、脱水、消瘦，病程短，死亡快，多在发病后 24 小时死亡。

　　2）脾脏坏死症。食欲明显下降，拉黄白色稀粪，怕冷，扎堆，缩颈，发热，死前有神经症状。

　　(4) 解剖病变

　　1）鸭出血性坏死性肝炎。心脏扩张，心包积有浅黄色液体，心肌有点状和条索状出血。肺出血。肝脏肿大，有的不肿，有密集相交的针点状白色和圆形出血点。脾脏肿大 2~3 倍，瘀血、出血、破裂或有坏死点，后期表面有一层灰白色纤维膜。法氏囊肿大、出血，呈紫葡萄色。肾脏肿大、出血。脑膜出血。胰腺出血和有坏死点。

　　2）脾脏坏死症。脾脏前期肿胀变硬，呈三角形，有出血斑点；后期脾脏局部坏死或完全坏死且呈纤维素性脾周炎（彩图 25）。有时可见肺出血、水肿，肝脏出血和坏死等。

【防治要点】

（1）预防

1）加强饲养管理。供给育雏番鸭、半番鸭全价营养，搞好鸭舍清洁卫生，保持通风、干燥。对有可能带病的种鸭场的鸭苗尽量不引进。

2）免疫接种。种鸭于开产前免疫灭活疫苗2次，雏鸭1日龄免疫弱毒苗。

（2）治疗

［治疗原则］　抗病毒，保肝养肝，防止继发感染。

［用药原则］　高免血清或卵黄＋抗病毒＋抗生素。

［一般用药］　高免血清或卵黄、双黄连、清瘟解毒口服液、抗生素（氟苯尼考、林可霉素、环丙沙星、多西环素、替米考星等）。

［联合用药］　高免血清或卵黄＋双黄连＋多西环素。

［建议方案］

方案1：抗雏番鸭坏死性肝炎高免多价血清，皮下或肌内注射，1～2毫升/只。

方案2：板青颗粒0.5～1克/升、多西环素300毫克/升混饮，扶正解毒散1%～1.5%混饲，连用3～5天。

方案3：高免卵黄1～2毫升，肌内注射；肝胆颗粒1克/升或清瘟解毒口服液1毫升/升，混饮，连用3～5天。

7. 鸭大舌-短喙综合征

自2015年3月以来，山东、江苏、安徽、河南等地区的商品肉鸭中发生了雏鸭的生长发育缓慢，上下鸭喙萎缩，舌头肿胀、僵硬及向外伸出弯曲综合病症，采食量严重下降，感染后期在抓捕时腿部及翅膀的骨骼容易造成骨折，造成较大的经济损失。

【诊断要点】

（1）认识病因　目前，本病病因说法不一。一是鹅细小病毒与鸭圆环病毒共感染诱发；二是鸭源鹅细小病毒，与番鸭细小病毒同源性较低；三是饲养管理及用药不当，如药物过敏、饮水或饲料中氟超标、营养缺乏、霉菌毒素等。

（2）了解规律

1）传播途径。水平传播和垂直传播均可。

2）易感对象。肉鸭、半番鸭、绿头鸭、番鸭、白改鸭及褐莱鸭等均可感染。最初流行时，主要发生于20～40日龄的肉鸭，目前多发生于

10～25 日龄的肉鸭，且主要集中于 12～21 日龄。少数鸭群 5～14 日龄即有发病。人工感染 1 日龄樱桃谷雏鸭 12 天后可见雏鸭喙发育不良，舌外伸，其他症状不明显。种鸭多为隐性感染。

3）流行特点。发病率为 5%～20%，严重者达 40% 左右，死亡率较低，多因无法饮水及采食而死亡。具有明显的区域性和群体发病，呈地区集中散发型，一个地区只要出现一家发病，就会慢慢向周边扩散。

（3）临诊症状　喙部较短，鸭舌头弯曲并突出外翻于上下喙的外面，舌头僵硬而不灵活，喙部发生严重的器质性病变。鸭群个体大小不均匀，患鸭腿短，个体明显偏小，舌头变长外露。患鸭骨骼及羽翅质地变脆，极易折断，饲养后期容易断腿断翅，部分患鸭有腹泻现象。出栏肉鸭体重较正常出栏肉鸭轻 20%～30%，严重者仅为正常体重的 50%。约 40 日龄起翅脚易折断，上喙变短近 30%。

（4）解剖病变　舌肿大，舌尖部分弯曲、变形。胸腺肿大、出血。骨质较为疏松。胰腺表面有散在针尖大小出血点或弥漫性出血。肺充血、出血。肝脏、脾脏轻度出血。

【防治要点】

（1）预防

1）加强对种鸭群的病原检测。防止该病毒经垂直传播途径扩散至子代鸭群，严把购苗关。

2）加强饲养管理，营养科学。防止饲料发霉。保持适宜的饲养密度、温度、湿度和通风等，加强消毒，空舍时间至少 3 周左右。外来人员禁止入内，做好隔离。

3）免疫接种。目前尚无可预防的商品化疫苗。

（2）治疗

[治疗原则]　抗病毒，补钙，防止继发感染。

[用药原则]　高免血清或卵黄＋钙制剂＋抗生素。

[一般用药]　高免血清、高免卵黄、清瘟败毒散、黄连解毒散、双黄连、抗生素（氟苯尼考、环丙沙星、多西环素、阿莫西林等）。

[联合用药]　高免血清或高免卵黄＋维生素 AD 或乳酸钙＋环丙沙星。

[建议方案]

方案 1：高免血清或高免卵黄 1～2 毫升/只，皮下或肌内注射，阿莫西林 60 毫克/升混饮，乳酸钙或葡萄糖酸钙混饲，连用 5～10 天。

方案2：目前，无特效治疗方法。针对发病鸭群，可用清瘟败毒散、黄连解毒散、双黄连等混饮或混饲，使用抗生素控制继发感染，同时在饲料中添加钙、磷、维生素D或维生素AD等，可一定程度地减少发病和死亡。

【提示】
　　此病重在早期预防与控制，发病前中期可以治疗，后期治疗效果不理想。

二、常见细菌性传染病

1. 鸭大肠杆菌病

鸭大肠杆菌病是由大肠埃希氏菌引起的鸭的一种急性或慢性传染病，临床表现复杂，如胚胎死亡、败血症、关节炎、卵黄性腹膜炎、肝周炎、脐炎、输卵管炎和气囊炎等。

【诊断要点】

(1) 认识病原　大肠埃希氏菌，革兰阴性菌，血清型较多，各型之间缺乏交叉保护力。血清型主要有 O_1、O_2、O_6、O_8、O_{14}、O_{18}、O_{73}、O_{78}、O_{118} 和 O_{119} 等，不同地区优势血清型差异较大，同一鸭场同一群中也可以存在多个血清型。

(2) 了解规律

1）传播途径。主要经呼吸道和消化道水平传播，也可经卵垂直传播。

2）易感对象。不同日龄、性别和品种的鸭均可发病，主要侵害2~6周龄的雏鸭。临诊上有多种病型，其中以雏鸭或鸭的败血症和产蛋母鸭的卵黄性腹膜炎（蛋子瘟）危害最为严重，初生雏鸭的感染是由于种蛋被污染，如带菌蛋或蛋壳被污染而侵入蛋内。

3）流行特点。一年四季均可发生，但以夏末和冬春多见，一般在春、夏气候突变或阴雨天气时发生较多。卫生条件差、潮湿、饲养密度大、通风不好等易诱发本病。若有其他病原体感染或应激因素则更为严重。常与其他病（如鸭疫里默氏杆菌病、病毒性肝炎、沙门菌病、支原体病）并发。

(3) 临诊症状

1）雏鸭。精神委顿，昏睡，食欲减退或废绝，渴欲增加，咳嗽，呼吸困难。下痢，粪便稀薄、恶臭、带有白色黏液或混有血丝、血块和气泡，粪便呈灰白色或青绿色，肛门周围羽毛湿润、污秽、沾有青绿色粪便。有的走路摇摆、站立不稳或卧地不起，转圈，腹部朝天，两脚呈划水样动作。有的雏鸭脐部膨大，常因败血症或衰弱脱水而死亡。

2）产蛋鸭。精神不振，产蛋率下降甚至停产，产畸形蛋、软壳蛋、钢壳蛋。腹泻，排出浅黄色或黄白色、绿色、酱油色稀软粪便，泄殖腔周围粘有污秽排泄物，腔内有硬或软壳蛋滞留。喜卧，不愿走动，站立或行走时腹部膨大，有时呈企鹅样，触诊腹腔有波动感，后期消瘦，衰竭死亡。

（4）解剖病变

1）败血型。纤维素性肝周炎（包肝），肝脏肿大，表面覆有一层黄白色纤维素性膜。纤维素性心包炎（包心），心包增厚不透明，表面覆有黄白色纤维素性膜，心包积有浅黄色液体。纤维素性气囊炎，胸、腹腔等气囊增厚，呈灰黄色，囊腔内有数量不等的纤维素性渗出物或干酪样物，如同蛋黄。脾脏肿大3~4倍，呈紫黑色。肠黏膜肿胀、出血，肠内容物稀薄、呈灰色、混有黏液和血液。

2）生殖道型（产蛋鸭）。输卵管黏膜充血、出血，有大量胶冻样或干酪状渗出物，有时输卵管内存有鸭蛋。卵泡变形、变性、变色，部分卵泡破裂。卵黄性腹膜炎，腹腔内有大量蛋黄色或灰黄色炎性渗出物，带有腥臭味，俗称"蛋子瘟"（彩图26）。公鸭阴茎炎。

3）脐炎、卵黄囊炎。脐孔周围皮肤水肿，皮下瘀血、出血、水肿，水肿液呈浅黄色或黄红色，脐孔开张。卵黄吸收不良，卵黄囊充血、出血，囊内卵黄液黏稠或稀薄，多呈黄绿色。

4）关节炎。关节肿大，内含有纤维素或混浊的关节液。

5）脑膜炎（10~50日龄）。脑壳严重出血，脑膜充血，脑组织充血、出血，有芝麻至绿豆大灰白色坏死灶。肝脏稍肿大，有充血和出血斑，呈黄驳斑块。胆囊肿大，充满胆汁。心脏靠近尖部有灰白色坏死灶。胰腺充血、出血和坏死灶，部分呈液化状。肾脏呈条纹状出血。脾脏稍肿大、充血，有的有坏死点。

6）肉芽肿型。肝脏、肺、心脏、肠（十二指肠及盲肠）、肠系膜等器官有灰白色菜花状增生物，针头大至核桃大不等。

【防治要点】

（1）预防

1）加强饲养管理。降低饲养密度，控制好温度、湿度和通风，减

少空气中细菌污染。鸭舍和用具经常清洗消毒，加强种蛋收集、存放和整个孵化过程的卫生消毒管理。减少各种应激因素，避免大肠杆菌病的发生与流行。

2）药物预防。根据本场实际情况，可以有针对性地选择中药、抗生素预防。

3）免疫接种。常用的疫苗有鸭传染性浆膜炎＋大肠杆菌病二联灭活疫苗、鸭传染性浆膜炎＋大肠杆菌病二联蜂胶灭活疫苗，颈部皮下注射，3～10日龄鸭每只注射0.3毫升。

（2）治疗

［治疗原则］ 抗菌消炎，对症治疗。

［用药原则］ 抗生素＋中药制剂。

［一般用药］ 白头翁散、杨树花口服液、清瘟败毒散、青霉素类（阿莫西林、氨苄西林）、氨基糖苷类（新霉素、庆大霉素、卡那霉素等）、氟苯尼考、喹诺酮类（环丙沙星、恩诺沙星等）、四环素类（多西环素）、盐酸大观霉素盐酸林可霉素。

［联合用药］ 氨基糖苷类＋白头翁散。

［建议方案］

方案1：头孢类（头孢噻呋）、卡那霉素、硫酸新霉素、氟苯尼考、庆大霉素、环丙沙星、多西环素、硫酸黏菌素等，使用时任选1种或2种混饮或混饲，如氟苯尼考＋多西环素、氟苯尼考＋环丙沙星、新霉素＋硫酸黏菌素等。严重者注射给药。

方案2：白头翁散、清瘟败毒散、葛根芩连散、银翘散等按1%～2%混饲（任选1种），连用5～7天。

【提示】

　　大肠杆菌交叉耐药和多重耐药严重，且各地耐药性情况不同。大肠杆菌致病机理复杂，作用部位多样，单一抗生素不能在所有病变部位达到治疗浓度，因此，必须联合用药来实现组织器官的有效血药浓度分布。

2. 鸭传染性浆膜炎

鸭传染性浆膜炎是由鸭疫里默氏杆菌（RA）引起的鸭、鹅等多种禽类的一种急性或慢性接触性传染病，临床以头颈歪斜、腿翅瘫软、眼鼻有分泌物、共济失调和抽搐为特征，剖检以纤维素性心包炎、肝周炎、气囊炎、胸膜炎或干酪性输卵管炎为特征。

【诊断要点】

（1）**认识病原**　鸭疫里默氏杆菌为革兰阴性菌，瑞氏染色呈两极浓染。麦康凯平板和普通平板不生长，鲜血平板和 TSA 平板上生长良好，为表面光滑、奶油状、中央稍突起的圆形菌落。血清型较多，目前已证实的有 25 种，且各型之间几乎无交叉保护。我国流行的鸭疫里默氏杆菌有 1、2、3、4、5、6、7、8、9、10、11、13、14 型和其他未知血清型，其中优势血清型是 1、2、6、10 型。不同地区血清型不同，即使同一鸭场，血清型的分布也会有所不同，甚至同一鸭不同器官，分离的菌株也会不同。

（2）**了解规律**

1）传播途径。主要经呼吸道或皮肤伤口感染，也可经种蛋垂直传播。被污染的饲料、饮水、空气等均是重要的传染源。

2）易感对象。主要侵害 1~8 周龄的雏鸭，1 周龄以下和 8 周龄以上的鸭很少发病。成年鸭罕见发病，但可带菌成为传染源。

3）流行特点。一年四季均可发生，多发生在秋冬之交和春夏之交。育雏舍密度过大、通风不畅、潮湿、营养不良是发病诱因。

（3）**临诊症状**　精神沉郁，食欲下降甚至废绝，缩颈，嗜睡，腿软，运动失调，不愿走动，行动迟缓，伏卧一角。眼流出浆液性或黏液性分泌物，眼周围羽毛粘连脱落。鼻孔流出浆液或黏液，呼吸困难。腹泻，排绿色、黄绿色或黄白色稀粪，气味腥臭。运动失调，头颈震颤或昏睡，临死前出现角弓反张或转圈等神经症状。

（4）**解剖病变**　心包积液，心包膜与胸膜粘连，表面覆盖一层浅黄色纤维素性渗出物。肝脏肿大，质脆，呈土黄色或红褐色，表面覆盖一层灰白色或灰黄色纤维素性膜，易剥离（彩图27）。胆囊肿大，胆汁黏稠呈黄褐色。气囊混浊增厚，表面覆盖灰白色或黄色纤维素性渗出物。脑膜及脑实质血管扩张、充血、出血。肺出血、坏死，表面有浅黄色纤维素性渗出物。肾脏肿大、出血。慢性病例，皮肤出现坏死性皮炎；跗关节肿胀，触之有波动感，关节液增多、黏稠，呈乳白色。

【防治要点】

（1）**预防**

1）加强饲养管理和生物安全措施。做好鸭场与外界、鸭体与粪尿的隔离，加强消毒，保持合理的饲养密度，处理好温度、通风和湿度的关系。饲料营养全面，防止饲料发霉。鸭是对黄曲霉毒素最为敏感的动物之一，黄曲霉毒素可损害鸭免疫系统，降低鸭抵抗力，严重阻碍疫苗免疫效能的有效发挥，也是诱发鸭疫里默氏杆菌感染的罪魁祸首。

2）免疫接种。常用的疫苗有鸭传染性浆膜炎三价灭活疫苗，鸭传染性浆膜炎二价灭活疫苗，鸭传染性浆膜炎、大肠杆菌病二联蜂胶灭活疫苗等，一般在 7 ~ 10 日龄皮下注射。

（2）治疗

［治疗原则］　抗菌消炎，对症治疗。

［用药原则］　抗生素 + 中药制剂。

［一般用药］　中药制剂、青霉素类（阿莫西林、氨苄西林）、氨基糖苷类（庆大霉素、卡那霉素等）、氟苯尼考、喹诺酮类（环丙沙星、恩诺沙星等）、四环素类（多西环素）、盐酸大观霉素盐酸林可霉素。

［联合用药］　氟苯尼考 + 多西环素 + 中药制剂。

［建议方案］

【提示】
　　　　鸭疫里默氏杆菌耐药性严重，用药时最好选择当地不经常使用的药物，或联合用药，有条件时最好做药敏试验，避免盲目用药。治疗时最好中西医结合治疗，效果更好。

方案 1：头孢噻呋、氟苯尼考、恩诺沙星、多西环素、氨苄西林、新霉素、硫酸黏菌素、阿莫西林等，任选 1 种或 2 种混饮或混饲，连用 3 ~ 5 天。严重者注射给药。

方案 2：茜草 300 克、黄连 150 克、马齿苋 300 克、血见愁 250 克、金银花 200 克、地榆 200 克、陈皮 150 克、甘草 100 克，粉碎，按 1% 混饲，连用 3 ~ 5 天。

3. 鸭沙门菌病

鸭沙门菌病又称鸭副伤寒，是由鼠伤寒等几种沙门菌所引起的疾病总称，主要引起雏鸭发病，常呈地方性流行，并可引起大批死亡。

【诊断要点】

（1）认识病原　沙门菌，最主要的是鼠伤寒沙门菌，其他如鸭沙门菌、肠炎沙门菌埃森变种、汤姆逊沙门菌及纽温顿沙门菌等，为革兰阴性菌。普通琼脂培养基上生长良好。一般消毒药物均能很快将其杀死。有 2500 多种血清型，血清型分布具有地域性。

（2）了解规律

1）传播途径。既可通过饲料、饮水、用具及垫料等污染后水平传播，也可经种蛋垂直传播。

2）易感对象。主要侵害 1~3 周龄雏鸭，成年鸭也可感染，但多为隐性感染。

3）流行特点。雏鸭发病率和病死率均很高，严重时可高达 80% 以上。种蛋污染后可引起死胚和孵化率严重下降。饲养管理差和环境状况不佳可以诱发本病。

（3）临诊症状　精神沉郁，食欲废绝，颤抖，气喘，眼睑水肿，眼鼻流出清水样分泌物，衰弱，动作迟钝和不协调。下痢，粪便呈水样，肛门附近有白色糊状物。步态不稳，常突然倒地，做划船动作，死前角弓反张。病程较长，腿部关节肿胀，有痛感，跛行。青年鸭、成年鸭下痢，较瘦弱，跛行。

（4）解剖病变　肝脏肿大，边缘钝圆，呈灰黄色、红色或古铜色，表面有灰白色坏死点。胆囊肿大，充满胆汁。盲肠肿胀，呈斑驳状，内有干酪样物质形成的栓子（彩图 28），直肠和小肠后段也有肿胀，呈斑驳状。心包炎和心肌炎，心包内有清亮透明液体。脾脏肿大，有针头大的坏死斑点，呈花斑状。肾脏色泽苍白，有出血斑。肺瘀血、出血。气囊膜混浊、不透明，常附着黄色纤维素性渗出物。脑壳及脑组织充血。肠黏膜充血、出血，表面有针尖大灰白色坏死点，肠黏膜坏死脱落，形成一层糠麸样物。卵黄吸收不全和脐炎，俗称"大肚脐"，卵黄黏稠、色深，肝脏有瘀血。

【防治要点】

（1）预防

1）加强鸭群的环境卫生和消毒。产蛋箱和地面上的粪便要经常清除，防止沾污饲料和饮水。雏鸭和成年鸭要分开饲养，防止间接或直接接触。

2）加强种蛋和孵化育雏用具的清洁和消毒。种蛋外壳切勿沾污粪便，孵化前进行消毒。孵化器和育雏器每次用过后必须彻底消毒。

3）药物预防。如氟苯尼考、环丙沙星、新霉素等，可以在育雏第 1 周内饮水。

（2）治疗

［治疗原则］ 抗菌消炎，对症治疗。

［用药原则］ 抗生素＋中药制剂。

［一般用药］ 连参止痢颗粒、七清败毒颗粒、青霉素类（氨苄西林）、氨基糖苷类（庆大霉素、卡那霉素等）、氟苯尼考、喹诺酮类（环丙沙星、恩诺沙星等）、四环素类（多西环素）、盐酸大观霉素盐酸林可霉素。

［联合用药］ 氟苯尼考＋多西环素＋七清败毒颗粒。

［建议方案］

方案1：氨苄西林、氟苯尼考、环丙沙星、头孢噻呋、多西环素、新霉素、庆大霉素、卡那霉素等。全群任选1种或2种混饮或混饲，连用5天。严重者注射给药。

方案2：辣蓼、黄连、马其鞭、小蓟、地榆各100克，水煎，加水至200千克，3000只雏鸭用量，全天自由饮用，连用5~7天。

4. 鸭巴氏杆菌病

鸭巴氏杆菌病又称鸭霍乱，是由多杀性巴氏杆菌引起鸭的一种急性、败血性、高度接触性传染病。临床特征为发病急，死亡快，排绿色水样稀粪，肝脏上布满细小的灰白色坏死灶。

【诊断要点】

（1）认识病原 多杀性巴氏杆菌为革兰阴性菌，姬姆萨、亚甲蓝或瑞氏染色呈两极浓染，呈卵圆形或短杆状，主要存在于血液、肝脏、脾脏、咽喉分泌物中。该菌有A、B、D、E、F 5个不同荚膜（K）血清型和12种不同菌体血清型，根据O:K抗原可组成不同血清型，各血清之间无交叉反应。禽巴氏杆菌以A型为主，鸭以5:A，还有8:A和9:A为主。

（2）了解规律

1）传播途径。主要经消化道和呼吸道传播，也可经黏膜和损伤的皮肤感染。

2）易感对象。不同日龄和品种的鸭均易感，以1月龄以上育成鸭和种蛋鸭最易感，雏鸭一般很少发病。

3）流行特点。一年四季均可发生，因饲养条件不同，有的多发生于秋冬季，也有的发生于春季。饲养管理不良、体内寄生虫病、营养缺乏、长途运输、天气突变、阴雨潮湿及通风不良等因素均能诱发本病。

呈散发性，间或呈流行性。

（3）临诊症状 潜伏期为数小时至5天，可以分为最急性型、急性型、慢性型3种。

1）最急性型。多发于疾病初期。鸭群中高产鸭和肥胖鸭在夜间常突然死亡，死前无任何征兆。

2）急性型。精神沉郁，食欲废绝，体温升高至42.5～43.5℃，尾翅下垂，嗜睡，口渴增加。口鼻流出黏液，咳嗽，打喷嚏，呼吸加快，张口呼吸，并常摇头，企图甩出积在喉头的黏液，故有"摇头瘟"之称。剧烈腹泻，排绿色或白色稀粪，有时混有血液，恶臭，肛门四周羽毛沾污。嗉囊内积食或积液，倒提病鸭有大量恶臭污秽液体从口鼻流出。产蛋鸭产蛋减少，体重迅速下降，两脚瘫痪，不能行走，常在1～3天内死亡。

3）慢性型。此型较少，表现为慢性关节炎、肺炎、气囊炎等。

（4）解剖病变

1）最急性型。因发病急，病程短，常无明显病理变化。少数病例心冠脂肪有少数出血点，肝脏有少数灰白色、针头大的坏死点。

2）急性型。皮下、浆膜、黏膜、腹膜及腹部脂肪有点状出血。十二指肠和直肠严重出血，肠黏膜弥漫性出血，内容物呈胶冻状，有时混有大量血液。腹腔内特别是气囊和肠管表面，有一层黄色的干酪样渗出物沉积。肝脏肿大，表面有散在针尖大的灰白色坏死点。脾脏一般无明显变化，或稍微肿大，质地柔软。心包积液，心冠脂肪及心外膜有弥漫性出血斑点。肺充血，表面有出血点或肺炎。卵泡出血破裂，泄殖腔出血和坏死。

3）慢性型。关节腔有干酪样或混浊的渗出物。鼻腔和气囊黏膜呈卡他性炎症。

【防治要点】

（1）预防

1）加强饲养管理。搞好环境清洁卫生和消毒。对污染的鸭舍、场地、用具、环境等经常清扫或冲洗。保持饲养条件及环境的相对稳定。

2）药物预防。定期投服敏感抗菌类药物，如庆大霉素、土霉素、硫酸黏菌素、新霉素、氟苯尼考等。

3）免疫接种。常用的疫苗有禽多杀性巴氏杆菌病活疫苗、禽多杀性巴氏杆菌病灭活疫苗。

（2）治疗

［治疗原则］ 抗菌消炎，对症治疗。

［用药原则］ 抗生素。

［一般用药］ 青霉素类（阿莫西林、氨苄西林）、氨基糖苷类（庆大霉素、卡那霉素等）、氟苯尼考、喹诺酮类（环丙沙星、恩诺沙星等）、四环素类（多西环素）、盐酸大观霉素盐酸林可霉素。

［联合用药］ 卡那霉素 + 恩诺沙星；氟苯尼考 + 多西环素。

［建议方案］

方案1：恩诺沙星、环丙沙星、卡那霉素、大观霉素、磺胺类药、阿莫西林等。全群任选1种或2种混饮或混饲，连用3~5天。严重者注射给药，按每千克体重青霉素4万~6万单位、链霉素3万~5万单位、庆大霉素2万~4万单位，混合肌内注射，1次/天，连用2天。

方案2：柴胡40克、龙胆草50克、茵陈40克、蝉蜕30克、生地50克、丹皮40克、金银花50克、连翘50克、玄参40克、防风30克、薄荷30克、甘草20克（200只鸭用量），水煎饮水，药渣混饲，连用3~5天。

5. 鸭葡萄球菌病

鸭葡萄球菌病是由金黄色葡萄球菌引起的一种急性或慢性传染病。临床表现有胚胎早期死亡、脐炎、腱鞘炎、创伤感染、败血症、心内膜炎等。

【诊断要点】

（1）认识病原 金黄色葡萄球菌为革兰阳性菌。自然界广泛存在，为条件性致病菌。

（2）了解规律

1）传播途径。主要经创伤感染，也可经空气或直接接触传播。

2）易感对象。雏鸭感染后多呈急性败血症，发病率和死亡率较高。青年鸭与产蛋鸭感染后多引起关节炎，是造成蛋鸭死淘率较高的主要原因之一。

3）流行特点。一年四季均可发生，多雨、闷热、潮湿季节多发。鸭群过大、拥挤、舍内通风不良、营养不良等因素均可诱发本病。

（3）临诊症状

1）急性败血型。精神不振，排灰白色或黄绿色稀粪。严重者皮肤水肿可自然破溃，流出棕红色液体。

2）关节炎型。跗、趾关节肿大，跛行。

3）脐炎型。常发生于出壳时或出壳后1周内的雏鸭，通过脐孔感染所致。精神委顿，食欲废绝，腹围膨大，脐带发炎，有结痂病灶。

4）皮肤型。多发生于15~75日龄的雏鸭。局部皮肤发生坏死性炎症或腹部皮肤和皮下炎性肿胀，呈蓝紫色。病程较长病例，皮下化脓，引起全身感染，食欲废绝，衰竭而死。

5）眼炎型。上下眼睑肿胀，眼结膜红肿，后期眼球下陷，最后失明。

6）脚垫肿。多发生于种鸭，跗关节足垫、足蹼肿胀，皮肤皲裂，渗出脓液与血水，剖开肿胀部，可见其内部组织出血、化脓。

（4）解剖病变

1）急性败血型。肝脏肿大，呈浅紫红色，有数量不等的白色坏死点或出血点。肺呈黑红色。有些病例胸部及大腿内侧水肿，滞留血样渗出液，数量不等。

2）关节炎型。关节囊内或滑液囊内有浆液性或纤维素性物渗出。

3）脐炎型。脐部肿大，局部呈黄红色或紫黑色，时间稍久会坏死，卵黄吸收不良。

【防治要点】

（1）预防

1）加强消毒，防止外伤。加强鸭舍、孵化室、用具、笼、运动场等的清洁卫生和消毒，清除污物和一切锐利的物品，特别是笼底板不能有尖刺物，减少或防止皮肤、黏膜和鸭掌的外伤。

2）保持种蛋的清洁。减少粪便污染，做好育雏保温工作。注射时要做好局部消毒，防止吸血昆虫叮咬，消灭蚊蝇和体表寄生虫。一旦发现皮肤损伤，及时用5%碘酊或5%甲紫溶液涂擦，防止葡萄球菌感染。

3）运动场要平整。防止鸭掌磨损或刺伤而感染。做好鸭舍及周围环境的消毒，用0.3%过氧乙酸或百毒杀定期对鸭舍和周围环境消毒，能有效地预防葡萄球菌病的发生。

（2）治疗

［治疗原则］ 抗菌消炎，对症治疗。

［用药原则］ 抗生素。

［一般用药］ 青霉素类（阿莫西林、氨苄西林）、氨基糖苷类（庆大霉素、卡那霉素等）、氟苯尼考、喹诺酮类（环丙沙星、恩诺沙星

等)、四环素类（多西环素）、盐酸大观霉素盐酸林可霉素。

［联合用药］ 卡那霉素＋恩诺沙星；庆大霉素＋环丙沙星。

［建议方案］

方案1：庆大霉素、卡那霉素、新霉素、氨苄西林、氟苯尼考、环丙沙星、红霉素、头孢类等。全群任选1种或2种混饮或混饲，连用3～5天。严重者注射给药。

方案2：先在地面洒少许薄层石灰粉，将脚底溃烂的鸭集中饲养于该区域，并用3％双氧水（过氧化氢溶液）清洗溃烂面，然后涂擦碘酊。对少数能行走的病鸭除进行上述处理外，还应消炎包扎，并喂服磺胺类药物等，单独饲养。对有脓肿的病鸭，手术切开脓肿，排除脓液，清除坏死组织，用3％硼酸液洗净后，再涂上鱼石脂软膏，同时内服消炎药物。对不能行走且脚底溃烂、踝关节严重发炎肿大的病鸭予以淘汰。

6. 鸭曲霉菌病

鸭曲霉菌病又称曲霉菌性肺炎，是由曲霉菌引起的多种禽类的一种真菌性疾病。临床特征为呼吸困难，肺和气囊上形成结节。

【诊断要点】

（1）认识病原 主要为烟曲霉菌。此外，黑曲霉菌、黄曲霉菌、构巢曲霉、土曲霉等也有不同程度的致病性。

（2）了解规律

1）传播途径。主要经呼吸道和消化道感染，曲霉菌可穿透蛋壳进入蛋内，引起胚胎死亡或雏鸭感染，还可通过肌内注射、静脉注射、眼睛接种、气雾、阉割伤口等感染。

2）易感对象。主要侵害20日龄内的雏鸭，但以4～15日龄雏鸭易感性最高，多呈急性经过，发病率高。成年鸭多为散发。

3）流行特点。一年四季均可发生，但多雨、闷热、潮湿季节多发。曲霉菌经常存在于垫料和饲料中，在适宜条件下大量生长繁殖，形成曲霉菌孢子，若严重污染环境与种蛋，可造成曲霉菌病的发生。采食量越多的鸭只，死亡速度越快。

（3）临诊症状 精神沉郁，食欲减少或废绝，渴欲增加，羽毛松乱，呼吸困难，咳嗽、喘气，头颈伸直，张口呼吸，有时呼吸时发出特殊的沙哑声（气囊破裂所致），甩头。口鼻流出浆液性液体。下痢，排黄白色或黄绿色黏稠稀便。出现神经症状，如运动失调、歪头、麻痹、跛行，头颈向后扭曲。部分出现结膜炎，结膜潮红、眼睑水肿（有的一侧眼睑下有干酪样凝块）、流泪。

（4）解剖病变　肺和气囊上有数量不等、米粒大至绿豆大的结节，呈浅黄色或灰黄色，结节切面呈同心圆样结构，内容物呈干酪样坏死，有大量的菌丝体。肺、气囊及内脏器官表面有灰绿色霉斑及少量干酪样渗出物。气管黏膜充血、肿胀、渗出物增多。肝脏瘀血、稍肿胀，腺胃黏膜出血，消化道后段充满水样稀薄液体，胆囊肿大。有的病例肺和气囊上结节融合成大的团块。慢性病例肺内结节往往相互融合，形成较大的硬性肉芽肿结节。

【防治要点】

（1）预防

1）加强饲养管理，改善饲养环境。注意清洁卫生和消毒，保持鸭舍通风和干燥，防止霉菌滋生，禁止饲喂发霉的饲料，不用发霉的垫料。

2）注意孵化卫生。加强孵化室内孵化和出雏设备及种蛋的消毒，防止孵化过程中霉菌的污染。

（2）治疗

［治疗原则］　抗菌消炎，对症治疗。

［用药原则］　抗真菌抗生素。

［一般用药］　制霉菌素、克霉唑、两性霉素B、硫酸铜、碘化钾。

［联合用药］　制霉菌素+硫酸铜。

［建议方案］

方案1：立即停喂发霉的饲料，停止使用发霉的垫料。

方案2：制霉菌素0.5万~1万单位/只，或每千克饲料50万~100万单位，混饲，2次/天，连用3~5天；0.05%硫酸铜或碘化钾溶液5~10克/升饮水，连用3~5天。

方案3：有眼炎的雏鸭用生理盐水或1%~2%硼酸溶液冲洗眼部，然后用氯霉素或四环素眼药水滴眼或涂红霉素眼膏。

第二节　常见寄生虫病与普通病的防治

一、常见寄生虫病

1. 鸭球虫病

鸭球虫病是由艾美耳科的泰泽属、温扬属、等孢属和艾美耳属球虫

寄生于鸭肠道引起的以卡他性、出血性肠炎为特征的寄生虫病。

【诊断要点】

（1）认识病原 目前鸭（包括野鸭）已发现的球虫有23种，其中2种为肾球虫，21种为肠球虫。寄生在家鸭体内的共有17种，均为肠球虫，分别是艾美耳属、等孢属、泰泽属和温扬属。其中以毁灭泰泽球虫致病力最强，菲莱氏温扬球虫次之，鸳鸯等孢球虫较弱。我国鸭球虫病的病原主要是毁灭泰泽球虫、菲莱氏温扬球虫和鸳鸯等孢球虫，以多种球虫混合感染为主。适宜虫卵发育的温度为25～30℃。

（2）了解规律

1）传播途径。主要经污染的饮水、饲料及用具等经消化道传播。

2）易感动物。不同日龄和品种的鸭均易感，但以番鸭居多，16～50日龄雏鸭感染最严重，病死率可达10%～70%。

3）流行特点。一年四季均可发生，但发病高峰在7～10月，有的地区（如福建省）集中在3～8月，在夏季高温高湿季节最为严重。网养的雏鸭不接触地面，一般不易感染。当幼鸭转为地面饲养时，常严重发病。鸭群球虫感染率为21.5%～80%不等。

（3）临诊症状 突然发病，精神沉郁，食欲减退或废绝，渴欲增加，喜饮水。后期逐渐衰弱，不能站立，卧地时鸣叫。腹泻，排出含黏液、血液的腥臭稀粪，发病5～6天后死亡。康复鸭生长和增重迟缓。病重鸭消瘦，可视黏膜、胸肌苍白。

（4）解剖病变 小肠前半段出血严重，肠黏膜密布针尖大小的出血点，肠内容物为浅红色或鲜红色胶冻样血性黏液，有的覆盖一层糠麸样物，后半段肠黏膜有轻度散在出血点，直肠黏膜红肿。

毁灭泰泽球虫主要侵害十二指肠和空肠，其中十二指肠黏膜出血最严重，有明显卡他性炎症，空肠以后出血逐渐减轻。菲莱氏温扬球虫主要侵害空肠后段和直肠，其中空肠后段呈明显的卡他性肠炎，肠黏膜出血。鸳鸯等孢球虫主要侵害空肠后段和直肠，其中空肠后段出现卡他性肠炎，肠黏膜出血，但肠道病变的严重程度不如温扬球虫病。混合感染的球虫病例在整个小肠黏膜都会有不同程度的出血和卡他性肠炎。

【防治要点】

（1）预防

1）加强饲养管理。消除高温、高湿，减少鸭和卵囊接触的机会，切断球虫病的传播途径。环境严格消毒，饲料中保持充足的维生素A和维生素 K，以增强抵抗力，降低发病率。粪便及时清除，并做发酵处理。幼鸭和成年鸭分开饲养。

2）药物预防。聚醚类离子载体抗生素，如莫能菌素、拉沙菌素、海南霉素等，化学合成抗球虫药主要有氯羟吡啶、氨丙啉、尼卡巴嗪、妥曲珠利及磺胺类抗球虫药等。在球虫病流行季节，常发本病的鸭场或地区，可于 15～50 日龄期间，定期使用抗球虫药物进行预防。

（2）治疗

［治疗原则］　抗球虫，防继发感染，修复肠黏膜。

［用药原则］　抗球虫药 + 中药制剂 + 止血。

［一般用药］　地克珠利、妥曲珠利、磺胺氯吡嗪钠、复方磺胺喹噁啉钠、盐酸氨丙啉磺胺喹噁啉、鸡球虫散、五味常青颗粒、驱球止痢合剂、维生素 K。

［联合用药］　地克珠利 + 磺胺氯吡嗪钠 + 驱球止痢合剂 + 维生素 K；盐酸氨丙啉磺胺喹噁啉 + 五味常青颗粒 + 维生素 K。

［建议方案］

方案 1：氯羟吡啶、二硝托胺、氨丙啉、尼卡巴嗪、地克珠利、妥曲珠利、磺胺氯吡嗪钠、复方磺胺喹噁啉钠、盐酸氨丙啉磺胺喹噁啉、磺胺喹噁啉等。任选 1 种或 2 种混饮或混饲，联合用药，如盐酸氨丙啉磺胺喹噁啉、复方磺胺喹噁啉钠、地克珠利 + 磺胺氯吡嗪钠，连用 3～5 天。

方案 2：修复肠黏膜可用维生素 AD 油饮水，止血可用维生素 K_3，防止继发感染，可用硫酸新霉素、硫酸黏菌素等。

【提示】

　　球虫易产生耐药性，用药宜穿梭用药和轮换用药。

2. 绦虫病

【诊断要点】

（1）认识病原　剑带绦虫和带壳绦虫呈乳白色、带状，成虫长 3～13 厘米，均寄生于小肠，主要是十二指肠。

（2）了解规律

1）易感对象。不同日龄的鸭均易感，25～40 日龄的雏鸭发病率和死亡率最高。感染多发生在中间宿主活跃的 4～9 月。

2）流行特点。必须经过中间宿主才能完成其生活史，中间宿主为剑水蚤。成熟的孕卵节片自动脱落，随粪便排到外界，在其体内经 2~3 周发育为具有感染能力的似囊尾蚴，鸭吃了这种带有似囊尾蚴的中间宿主而感染。

（3）临诊症状　精神沉郁，渴欲增加，双翅下垂，羽毛逆立，消瘦。消化不良，排灰白色或浅绿色稀薄粪便，有恶臭，并混有黏液和长短不一的虫体孕卵节片。严重者出现贫血，黏膜苍白，最后衰弱死亡。

（4）解剖病变　尸体消瘦。小肠内黏液增多、恶臭，黏膜增厚，有出血点。当虫体大量积聚时，造成肠管阻塞、肠扭转，甚至肠破裂。气管内有少量黏液，产蛋鸭卵泡萎缩，卵泡明显减少。

【防治要点】

（1）预防　加强消毒，搞好舍内环境卫生。及时清理鸭舍粪便，无害化处理。药物驱虫，每年春、秋季各驱虫 1 次，可选用丙硫苯咪唑、吡喹酮等。

（2）治疗

［治疗原则］　驱除绦虫、调理脾胃。

［用药原则］　抗绦虫药。

［一般用药］　阿苯达唑、吡喹酮、氯硝柳胺。

［联合用药］　阿苯达唑 + 维生素 A。

［建议方案］

方案 1：阿苯达唑，按 20~30 毫克/千克体重，1 次口服。

方案 2：氯硝柳胺，按 100~150 毫克/千克体重，1 次口服。

方案 3：吡喹酮，按 10~20 毫克/千克体重，混饲，间隔 7 天后再给药 1 次。同时，每 100 千克饲料中添加维生素 AD 50 克，连用 7 天。

3. 前殖吸虫病

【诊断要点】

（1）认识病原　前殖吸虫主要寄生于输卵管、法氏囊、泄殖腔及直肠。较常见的有卵圆前殖吸虫、透明前殖吸虫、楔形前殖吸虫、罗氏前殖吸虫和鸭前殖吸虫 5 种。虫体扁平，前端稍尖，后端钝圆，有口、腹吸盘。

（2）了解规律

1）易感动物。主要侵害产蛋鸭。

2）传播途径。鸭吃下含囊蚴的蜻蜓稚虫和成虫后感染。

3）流行特点。需要两个中间宿主，第一中间宿主为淡水螺，第二中间宿主为蜻蜓。呈地方性流行，其流行季节与蜻蜓或其幼虫出现的季节一致，主要是每年的5~6月。

（3）临诊症状　产蛋率下降，产畸形蛋、软壳蛋或无壳蛋，最后停止产蛋。有时从泄殖腔排出蛋壳碎片或流出水样液体。腹部膨大，肛门潮红，肛门周围羽毛脱落。严重的因继发腹膜炎而死亡。

（4）解剖病变　输卵管炎和泄殖腔炎，黏膜增厚、充血和出血，其上可见虫体附着。有的输卵管破裂，引起卵黄性腹膜炎，腹腔中可见外形皱缩、不整齐和内容物变质的卵泡。输卵管等处可发现虫体。

【防治要点】

（1）预防　在蜻蜓出现季节勿在清晨或傍晚及雨后到池塘边放牧采食，防止鸭啄食蜻蜓及其稚虫。

（2）治疗

方案1：吡喹酮，60毫克/千克体重，1次口服。

方案2：阿苯达唑，100~120毫克/千克体重，1次口服。

方案3：氯硝柳胺，100~200毫克/千克体重，1次口服。

二、常见普通病

1. 痛风

痛风又称尿酸盐沉积症，由于日粮中蛋白质含量过高及其代谢紊乱，在体内产生大量尿酸并以尿酸盐的形式沉积在关节囊和内脏表面。临床以行动迟缓，关节肿大，跛行，排白色稀粪，脏器和关节腔尿酸盐沉积为特征。

【诊断要点】

（1）认识病因　饲料中蛋白质含量过高，尤其是含核蛋白的动物性蛋白质含量过高；药物使用过量；缺水、中毒；维生素A和维生素D缺乏等。

（2）临诊症状

1）内脏型。精神不振，食欲减退，羽毛松乱，逐渐消瘦，虚弱贫血，活动无力，喜卧懒动，排白色半黏液状稀粪，内含大量尿酸盐；产蛋量下降甚至停产，种蛋孵化率下降。

2）关节型。脚趾和腿部关节出现豌豆至蚕豆大的黄色坚硬结节，溃破后流出白色稠膏状的尿酸盐，腿软无力，行动迟缓，站立姿势异常。

（3）解剖病变

1）内脏型。肾脏、心脏、肝脏、气囊、肠系膜等器官组织表面可见白色石灰粉样尿酸盐沉积，肾脏肿大，输尿管扩张，管腔内充满石灰粉样的尿酸盐。

2）关节型。跛行，关节肿大，变形，关节腔及周围组织中有白色粉状尿酸盐沉积。

【防治要点】

（1）预防　保证饲料的质量，合理搭配各种营养成分，控制饲料中粗蛋白质水平和钙磷比例及含量。加强饲养管理，保证充足的饮水，正确使用各种药物，不要长期或过量使用对肾脏有损害的药物，如磺胺类、氨基糖苷类等药物。防止饲料霉变，避免霉菌毒素的中毒等。

（2）治疗

［治疗原则］　调节营养，加速尿酸盐排泄。

［用药原则］　抗痛风药＋促尿酸排泄药。

［一般用药］　丙磺舒、乌洛托品、肾肿解毒药、复方碳酸氢钠、五苓散、五皮饮。

［联合用药］　复方碳酸氢钠＋五苓散。

［建议方案］

方案1：肾肿解毒药、复方碳酸氢钠1～2克/升、丙磺舒（2～5毫克/只或100～200毫克/千克混饲）、碳酸氢钠（0.3%～0.5%）、乌洛托品等混饮（任选1种），以促进体内排出尿酸盐。

方案2：五苓散、五皮饮等煎汁饮水或混饲（任选1种），连用5～7天。

2. 啄癖症

啄癖症又称异食癖、恶食癖或啄食癖，是因多种营养物质缺乏及其代谢障碍所致的非常复杂的味觉异常综合征，包括啄羽癖、啄肉癖、啄肛癖、啄蛋癖、啄趾癖、异食癖及啄伤口等。

【诊断要点】

（1）认识病因

1）品种因素。如土种鸭性情好动，易发生啄斗。母鸭比公鸭发生率高，开产后1周内为多发期，早熟母鸭比较神经质，易产生啄癖。

2）饲料因素。饲料中蛋白质不足或氨基酸不平衡，会造成机体缺乏蛋白质或限制性氨基酸，因营养缺乏造成异食癖；矿物质（钙磷缺乏或比例不平衡及硫、钠缺乏）、微量元素、维生素及粗纤维缺乏也会引发此病；颗粒饲料比粉状饲料更易引起啄羽癖；日粮供应不足，使鸭处于饥饿状态，为觅食而发生异食癖；喂料时间间隔太长，鸭饥饿易发生啄羽癖；饲料霉变也可引发啄癖。

3）饲养管理。环境因素如通风不良、有害气体浓度高、光线太强或光线不适、温度和湿度不适宜、密度太大和互相拥挤等；管理因素如群体太大，缺水、断料或拖延喂料时间，观察管理不到位，如蛋鸭在产蛋高峰期，特别是产蛋上升期，常产出双黄蛋，蛋的个体比较大，产出时泄殖腔外翻呈红色，其他鸭看到红色就兴奋，开始啄食，常常把肠子都啄出来，导致死亡；限饲常使鸭有饥饿感，此时鸭往往表现出极强的攻击性和发泄性，发生啄癖。此外，伤口、应激等均可产生影响。

4）疾病因素。如体表寄生虫病（羽虱），消化系统疾病（球虫病、副伤寒等）、生殖系统疾病（输卵管炎或泄殖腔炎，输卵管炎会造成鸭脱肛，或输卵管脱出，也会被其他鸭啄食）、中毒（如马杜拉霉素轻度中毒）、发霉饲料等，也会引起啄癖。

（2）临诊症状

1）啄羽癖。雏鸭、蛋鸭换羽期易发生。多发生于产蛋鸭，尤其是高产蛋鸭，特别易啄食背部尾尖的羽毛，有时拔出并吞食。因饲料中缺乏钙、硫、含硫氨基酸和维生素 B_{12} 及体表寄生虫等所致。

2）啄肉癖。各种日龄的鸭均可发生。互啄羽毛或啄脱落的羽毛，被啄的皮肉暴露出血后，发展为啄肉癖。

3）啄肛癖。各种日龄的鸭均可发生。常见于高产鸭群或刚开产鸭群，由于肛门带有腥臭粪便，肛门周围粘满稀粪，甚至堵塞肛门，鸭不断努责，引起其他鸭啄食其肛门，造成肛门损伤、出血；发生腹泻的雏鸭也常见。刚开产的蛋鸭也经常发生，大概与其体内的激素变化有关，产蛋后子宫脱垂或产大蛋使肛门撕裂，导致啄肛。

4）啄蛋癖。常见于产蛋高峰期的鸭，鸭刚产下蛋，鸭群就一拥而上去啄食，有时产蛋母鸭也啄食自己产的蛋，主要是饲养管理不当，或因饲料缺钙或蛋白质含量不足，常伴有薄壳蛋或软壳蛋和无壳蛋。

5）啄趾癖。幼鸭易发生。多见于脚部被外寄生虫侵袭而发生病变的鸭等，或喂料时间不定或饲料营养元素缺乏。

6）异食癖。各种营养不良的鸭易发生。多见于育成鸭或成年鸭，啄食正常情况下不食或少食的异物，如石子、沙子和石灰等。

7）啄伤口。常因伤口出血、脱肛等形成异常颜色或化脓形成的异臭，如划伤的脚趾、皮肤等，混群时要建成新序群时啄斗更容易啄伤。

【防治要点】

（1）预防

1）加强饲养管理，合理搭配日粮。严格按照鸭的营养需要配制饲料。夏季适当降低饲养密度，合理光照，增加饮水、采食点，让鸭随时能够得到凉爽、洁净的饮水和新鲜的饲料。

2）改善鸭舍环境。夏季采用湿帘降温、增加带鸭消毒次数等方法降低鸭舍内温度；保持舍内通风顺畅，创造良好的舍内环境，提高鸭群的舒适度，防止鸭群因环境不良而烦躁不安，进而引发啄癖。

3）定时驱虫，防止外伤。减少各种应激因素，坚持经常消毒，减少各种疾病的发生，勤捡蛋，同时补充贝壳粉等。

（2）治疗

［治疗原则］ 寻找原因，针对性治疗。

方案1（营养缺乏）：饲料中适量添加豆粕、鱼粉、蛋氨酸（0.1%～0.2%）、赖氨酸（0.1%～0.5%）或复合氨基酸添加剂等。

方案2（缺盐）：饲料中添加1%～2%食盐，连用2～3天，并保证充足饮水。

方案3（缺硫）：啄肛癖，饲料中添加0.5%～1%硫酸钠，连用3～5天。

方案4（啄羽癖）：饲料中添加1%生石膏粉（1～4克/只），连用3～5天，配合药物治疗，如啄羽灵等。

3. 中暑

中暑是日射病和热射病的总称。在外界高温或高湿的综合作用下，鸭机体散热机制发生障碍、热平衡受到破坏而引发的一种急性疾病，以烦躁不安、软脚、麻痹为主要临床症状，以脑膜、脑实质、心肌、肝脏出血和肺瘀血坏死为主要病变。

【诊断要点】

（1）认识病因 鸭无汗腺，靠呼吸来散热；环境温度过高（超过35℃）；设施不达标；管理不到位，如鸭舍闷热，通风不良，密度过大，饮水不足或将鸭群长时间饲养在高温环境中等。多发生于夏季高温季节。

（2）临诊症状 烦躁不安，体温升高，呼吸困难、张口喘气，伸展双翅散热，口渴，走路不稳或不能站立，软脚，随后出现昏迷、麻痹、痉挛而死。蛋鸭产蛋量下降。

（3）**解剖病变** 头盖骨出血，脑膜、脑实质充血或点状出血。血液凝固不良。心肌松软、出血。肺水肿，有瘀斑，病情稍长者可见大面积黑色坏死灶。肝脏肿大，质脆，表面有米粒大小暗红色血泡或肝破裂出血，肝脏表面有血凝块覆盖，甚至整个腹腔内充满血水或血凝块，胆囊肿大。刚死的鸭剖检腹腔温度很高，触之烫手；输卵管充血，内有待产的硬壳蛋。

【防治要点】

（1）**预防**

1）合理设计鸭舍。减少热量进入，并对鸭舍、屋顶、墙壁进行刷白处理；鸭舍周围种草植树（彩图29），不仅可以遮挡阳光，而且可以通过植物的光合作用吸收热量，降低空气温度。

2）敞开鸭舍门窗，加强空气流通。有条件的可安装排风扇或吊扇；中午高温时段，通过地面洒水、屋顶喷水，也可降低舍温度；也可带鸭喷雾消毒，既降温又杀菌；早放鸭、晚关鸭，增加中午休息时间和下水次数；在盛夏晴天，让鸭露天乘凉过夜。

3）降低饲养密度，改变饲喂时间。白天炎热时减少饲喂或不饲喂，而在晚上和清晨饲喂，并适当驱赶鸭群增加采食量，每次喂料时不要过多添加饲料。

4）保证充足、新鲜、清凉的饮水。鸭无汗腺，通过呼吸才能散发出体内的热量，高温环境下，鸭呼吸加快，水分蒸发量加大，饮水量也随之增加，高温季节必须供给鸭充足、清凉、洁净的饮水，保证水槽中饮水长流不断。水温以10℃为宜。

5）调整饲料配方。保证蛋鸭摄入足够的养分，减少日粮中纤维素含量，能量浓度不宜过高，蛋白质、维生素、矿物质含量应适当增加。

6）添加抗热激药物。如小苏打（0.2%～0.5%）、维生素C（0.1%～0.2%）、柠檬酸（0.3%）、延胡索酸（0.1%）等混饮，解暑抗热散0.1%混饲。

（2）**治疗**

方案1：供给清洁饮水，加强通风、湿帘降温，使用抗热应激药混饮。

方案2：在中暑鸭脚部充血的血管上，针刺放血，一般放血后10分钟左右即可恢复正常；或用冷水缓淋鸭头部，并用2%"十滴水"灌服，

每只每次 4~5 毫升，一般 20~30 分钟后即可恢复正常。

方案 3：藿香正气水 10 毫升兑水 1 千克混饮或混饲 0.5 千克，连用 3~5 天。

方案 4：解暑抗热散 0.2%、小苏打 0.2%~0.4% 混饲，维生素 C 0.1%~0.2% 混饮，连用 3~5 天。高温季节持续添加小苏打 0.3% 或藿香正气水。

第十章
科学调控环境，向环境要效益

第一节 环境控制的误区

一、认为鸭喜水不怕潮湿

鸭虽然喜欢下水嬉戏、寻食、游泳、潜水及求偶交配，但怕潮湿。鸭群喜欢在干净清爽处休息和产蛋，若鸭舍环境潮湿，会影响鸭的生长发育和繁殖，还会导致疾病的发生。鸭舍潮湿，寄生虫的寄生率高，容易发生呼吸道和消化道疾病。若舍内外场地太潮湿或积聚污水，污染鸭的腹部绒毛，就会严重影响蛋鸭的休息和产蛋。

二、防病意识淡薄

许多养殖户对防疫的重要性认识不足，意识淡薄，该防疫的疫病不能及时做好防疫；防疫时不能按操作规程实施，致使免疫效果低下，达不到免疫目的，有的是因为疫苗过期或保管不当造成失效，免疫起不到作用。引种时检疫不够严格，引种带入病原引起疫病流行。对病鸭不能及时采取隔离饲养、治疗措施，卫生消毒不能形成制度化、常规化，饲养用具、运输工具、鸭舍及其周围环境消毒不严，造成病原微生物污染，导致疾病发生。

三、不愿在环境控制方面投资

鸭的生活能力较强，既适应于淡水湖泊、滩涂的放牧饲养，也适合于大群舍内饲养。目前，蛋鸭生产趋向于高度密集舍内圈养，同时建有陆地及水面运动场。然而，绝大多数养殖户缺少对环境设施重要性的认识，投资的积极性不高，鸭舍因陋就简，致使蛋鸭生活环境恶劣。如冬季房舍保暖性差，夏季则由于房舍通风不良，饲养密度过大，更无通风设备，加上卫生工作不及时，致使舍内温湿度过高，有害气体如氨气、硫化氢、二氧化碳等熏鼻刺眼；供鸭活动用的水面往往不注意选择或改造，或是死水一潭，或是遭严重污染的小池塘、小河流，有的甚至直接利用浅沟、水田饲养蛋鸭。陆地运动场及鸭滩更是坑洼不平、潮湿。

四、环境控制的技术误区

1. 鸭舍建造不合理

不少养殖户为了节约资金，场址的选择和鸭舍的建造方面不舍得多投入，鸭舍建筑不合理。大部分鸭舍为经过改造的旧房或简易大棚，冬季保温性能差，夏季舍内空气不流通又无通风设备，无法防暑降温，环境恶劣，不但鸭的生产性能得不到充分发挥，还导致经常发病。

2. 鸭群过度集中

很多鸭群过分密集，相互间距离太近。尤其是养鸭专业村，几乎家家都养鸭，养鸭规模大小不等，从几百只到几千只，甚至几万只。多批次、多品种、多日龄的鸭群集聚在一个小区域范围内，人员、车辆不经消毒往来频繁，无序生产使饲养环境日益恶化。

3. 卫生防疫意识差

部分养殖户不能严格执行隔离制度和消毒制度，养鸭场（户）之间关系密切，频繁往来。发现病鸭不能及时采取隔离措施，甚至将死鸭随地剖杀或乱扔而不做深埋处理。鸭粪到处堆积，污水未做无害化处理。

第二节　提高环境调控效益的主要途径

一、控制外环境

1. 鸭场选址合理

鸭场应远离交通主干道、大量运输家禽及饲料的要道、居民区和其他畜禽养殖场、屠宰厂、产品加工厂、垃圾站等。放养户应将鸭舍（鸭棚）建在远离上述地点且未受到生物污染和工业污染的水源旁。鸭场必须远离栖息水禽的排水沟、池塘、湖泊、滩涂等地。鸭场可利用围墙、篱笆或壕沟同周围环境相隔离。病死鸭尸坑、鸭粪发酵池应远离鸭舍500 米以上。鸭场应将生产区、处理区、孵化区与管理区隔离开，至少应将干净区与污染区隔开。要铺设运输粪便、污物的专用通道。鸭场的人行道及过道最好是水泥路面。经过鸭场过道的人、车辆及鸭均应遵循从青年鸭至老年鸭、从清洁区至污染区、从独立单元至人员共同生活区的单向运动方向。

【提示】

在鸭场入口处设立人员消毒盘（池）和车辆消毒池，所有进出场的车辆和人员均应消毒后方可进入。各区配备冲洗消毒设备，对需要进入的物品进行冲洗消毒，场内和生活区道路也要定期消毒。

2. 鸭舍建设适宜

鸭舍的建设应采用水泥地面，保证地面光滑。鸭舍应利于通风、采光、保暖，方便鸭自由进出。舍内天花板应便于除尘，地面应有坡度，设置供水槽、排水沟，有利于保持舍内干燥、清洁。能有效防止昆虫、鼠类、野鸟、野兔、黄鼠狼等的入侵。铁质隔栏无尖锋，舍内不要扔有铁丝头、尼龙丝等能刺、缠伤鸭腿的物品，以防造成感染。育雏舍要专用，育雏应用高床式网上平养，减少粪便污染。育雏舍、蛋鸭舍等使用的垫草、垫料要清洁干燥、无霉变。

3. 加强人员、车辆的管理与消毒

加强鸭场管理人员、饲养技术人员、后勤服务人员、卡车司机的生物安全意识教育，增强生物安全意识和防疫意识，不接触野鸟及场外鸭群，不贪食野味。若饲养技术人员患有人畜共患病，则暂时不得从事饲养工作、技术工作，不得接触鸭群。饲养技术人员家庭不宜养鸟，最好不养禽。饲养技术人员不参观其他鸭舍、鸭棚。各类人员进入生产区前，均要更换工作服，穿上胶靴，并经过消毒池、紫外线消毒，有条件的应进行淋浴。在饲养管理、技术管理前、中、后，进行个人及每个环节的消毒。鸭场原则上应谢绝参观，对于来访者要求换穿工作服、胶靴，戴工作帽，并经消毒后步行入内，且不直接同鸭群接触。车辆应尽可能停在场外，对必须进入的车辆，车轮和车身喷洒消毒药，且到达之处的场地易清洁消毒。

4. 加强饲料和饮水管理

根据鸭的不同阶段，选用适宜的优质颗粒料，从正规厂家进货，因为正规厂家生产的饲料在加工过程中经热处理，能达到杀菌效果，同时能保证饲料的全价营养。不使用有鱼粉的饲料，防止携带沙门菌。自配饲料要选用优质原料，不使用发霉变质的原料，配制过程中严防污染。

存放饲料应有专用仓库，每次充料之前彻底清扫，充料之后熏蒸消毒。当日饲喂的料当日运，鸭舍内不要有过夜的饲料，鸭群喂后抛撒的饲料要及时打扫干净，防止饲料被老鼠粪便污染。饲料储存期不得超过15天。鸭场内要有足量供饮用和游泳用的清洁水源，注意喂料及饮水器具的清洁和消毒。

【提示】
　　　无条件利用自来水时，应采用地下水，但要定期检查水质，最好不用沟渠、池塘、矿坑的地表水源，养殖户放养鸭应先检查水质。

5. 重视消毒

消毒可以最大限度地减少鸭舍内外环境中的病原微生物，显著降低疫病的发生率。消毒对象包括：鸭舍内外场地，鸭舍内部地面和饲养用具、运输材料、车辆、人员、医疗器械、畜牧器械、种蛋和出雏器具及孵化期间的消毒，也可带鸭消毒。

6. 加强免疫

鸭场应根据本场的疫情动态、周边疫情、疫苗特性、鸭群用途及防制经验制定本场的免疫程序。及时购买合格的疫苗，按规范操作接种。定期检测免疫状态及免疫效果。

7. 做好废弃物的处理

死鸭、重病鸭一经发现，要用密闭袋包装，经焚化或发酵处理；鸭粪、垫料废弃物要用专车通过专用通道运出鸭舍500米以外，经发酵后无害化处理；厕所设置化粪池，避免粪水直接进入环境。

二、控制内环境

1. 控制有害气体产生

家禽养殖环境中有害气体含量是评价鸭舍环境质量的重要指标之一。鸭舍内的有害气体主要包括氨气、硫化氢等，会对鸭的健康、生产性能及养殖效益造成严重影响。当舍内氨气、硫化氢浓度升高时，可使鸭的气管和支气管上皮的纤毛发生萎缩或脱落而失去其正常的功能，破坏有效抵御病原微生物入侵的第一道防线，使病原微生物有机可乘，从而导致鸭病的发生。

（1）及时清理粪便　粪便中有机物分解是氨气、硫化氢的产生之源，减少粪便在舍内的积存，可以显著降低舍内有害气体浓度。

（2）**定期更换垫料**　采用地面垫料平养的鸭舍中，垫料中混有粪便、饲料、微生物，在温度和湿度适宜的条件下，也会发酵产生有害气体。

（3）**保持舍内干燥**　当粪便、垫料含水量低时，其中有害气体的产生也明显减少。舍内潮湿会在房舍内壁及物体表面吸附大量的氨气、硫化氢，当舍温上升或舍内变干燥时，就会挥发到舍内空气中。

（4）**加强通风换气**　夏季可以防暑降温，冬季可以保持鸭舍空气新鲜，排除过多的水气，使鸭舍相对湿度适宜，清除空气中的灰尘、微生物及舍内滞留的二氧化碳等有害气体。通风换气应根据鸭舍的隔热效果、密封程度、垫料湿度等确定通风量。开放式鸭舍的通风主要靠开关窗户，要按时开窗换气，保证鸭舍内空气质量。密闭式鸭舍要兼顾保温与通风，建造鸭舍时应该安装通风换气设备；无通风换气设备的要增加开关方便的对流窗户。

（5）**提高日粮消化率**　日粮中的营养物质消化吸收不完全，可导致鸭舍内有害气体的产生。研究表明，提高鸭饲料的养分利用率，是减少舍内氨气、硫化氢逸出的最有效措施。日粮中添加合成氨基酸（赖氨酸、蛋氨酸、苏氨酸）可以提高饲料中蛋白质的利用率，减少未消化蛋白质的排出，从而减少排泄物中氨气、硫化氢的产生。饲喂低蛋白质日粮，也可减少氮的排出，从而减少排泄物中氮造成的氨气逸出。

【小经验】

日粮中添加外源酶制剂如蛋白酶、非淀粉多糖酶，可补充内源酶的不足，从而降解饲料原料中的抗营养因子，如非淀粉多糖（NSP）可提高饲料养分利用率，减少排泄物中的营养成分，从而减少排泄物中氨气的逸出。

（6）**使用有害气体吸附剂**　目前改善鸭舍空气环境的研究较多，一些吸附性新产品，如载铜硅酸盐、沸石、活性炭、活性氧化铝等因其比表面积大，能够吸附氨气、硫化氢、二氧化碳、水等，可起到抑制这些气体的产生和挥发的作用。利用植物提取物降低鸭舍内的有害气体成为目前研究的热点，如樟科植物提取物、丝兰属植物提取物、茶叶提取物、中草药等能够降低畜禽排泄物中氨气、硫化氢等有害气体的逸出。

（7）使用微生态制剂　大量研究表明，微生态制剂中的某些菌能够分泌消化酶，微生态制剂添加到日粮中能够提高饲料养分利用率；某些益生菌能够竞争性抑制其他好氧菌的生长，并能分泌抗菌物质，调节胃肠道菌的种类和数量，促进有益菌（如乳酸杆菌、双歧杆菌）生长，减少排泄物中含氮物质的排出；乳酸菌能够分泌乳酸，从而降低肠道 pH，肠道酸性环境能够抑制铵离子转化成氨气，进一步降低养殖舍中各种影响畜禽生产性能的气体逸出。

【提示】

目前可应用于控制鸭舍环境的微生态制剂的菌种类很多，有光合细菌、乳酸菌与芽孢杆菌等。但不同微生态制剂的作用有所不同，养殖中应根据实际需要进行选择。

（8）改变饲养模式　如发酵床养殖能够明显地降低空气中氨气、二氧化碳的浓度和空气菌落数（表10-1），保持垫料干燥，改善鸭舍饲养环境，提高种鸭的生产性能。

表10-1　发酵床对鸭舍空气指标的影响

组别	硫化氢/（毫克/米³）	氨气/（毫克/米³）	二氧化碳/（毫克/米³）	空气菌落数/（个/处）
发酵床	0.00	8.29	648.15	1721.57
普通垫料	0.04	17.16	798.15	2567.59

2. 减少鸭舍内病原微生物数量

环境中微生物的种类和分布已成为鸭舍环境质量的重要指标，直接关系到饲养人员、养殖动物的健康及生产性能的发挥。鸭舍内外空气中细菌数量差异较大，舍内空气中细菌菌落总数明显多于舍外空气。

鸭舍环境中的细菌种类与分布除了与鸭舍内的通风、温度、湿度、光照、饲养密度等因素有关外，还与日常管理中严格的消毒有密切的关系。通过科学消毒，切断传染病的传播途径，可以防止疾病的感染、发生、蔓延和流行，能够有效提高养鸭场生产效益。

（1）鸭舍与带鸭消毒

1）鸭舍消毒。

① 机械清除。彻底扫除鸭笼、地面、墙壁、物品上的鸭粪、羽毛、

粉尘，清除污秽垫料和屋顶蜘蛛网等，清扫出的污物要予以焚烧或用生物热法消毒，杀灭污物中的病原体，防止污物中的病原体再次传播，并用高压水枪对鸭舍内部全面冲洗。清理前先将舍内的料桶、水槽、蛋筐、隔离栅栏等用具移至舍外，进行浸泡消毒和清洗。

②消毒。冲洗鸭舍后先用 2%～4% 氢氧化钠、过氧乙酸等（加热到 60～70℃）溶液喷洒地面；2～3 天后再用福尔马林、高锰酸钾（每立方米空间用高锰酸钾 15 克 + 福尔马林 30 毫升）熏蒸 48 小时；进鸭苗前第 2 天用聚维酮碘 800 倍稀释后自上而下喷洒消毒。

2）带鸭消毒。

①选择合适的消毒剂。选用广谱、高效、强力，对金属、塑料制品腐蚀性小、毒性小，无残留和无浓烈刺激性的消毒剂。常用于带鸭消毒的药剂有百毒杀、戊二醛、聚维酮碘、过氧乙酸、次氯酸钠等。

②科学配液。最好用自来水稀释消毒剂，非要用井水稀释时应添加适量的水质软化剂或适当加大消毒剂浓度。消毒剂的稀释要均匀，对不易溶于水的消毒剂应充分搅拌使其溶解，并用 45℃ 以下的温水稀释消毒剂，并注意浓度配比。

③交替使用消毒剂。尽管病原微生物对消毒剂不易产生耐药性，但交替使用两种或两种以上的消毒剂，可以做到优势互补，从而更全面、更彻底地杀灭病原微生物。

④正确喷雾。喷雾前适当增加鸭舍内的温度和湿度，关闭门窗。选用雾化良好的小型农用喷雾器，雾粒的直径控制在 80～120 微米之间，最小不低于 50 微米。喷雾量按每立方米的空间用 15 毫升消毒剂计算，先消毒地面，然后消毒墙壁、鸭笼、鸭体、饲槽及其他设备，最后再重复消毒地面。消毒完毕后隔数小时再打开门窗通风，在饲喂前要用清水冲洗饲槽，以除去饲槽中的消毒残液。正常情况下每周消毒 1～2 次；春、秋疫病常发季节增至 3 次；有疫病发生时，每天 1 次或 2 次。

【提示】

若雾粒过小，易被鸭吸入呼吸道，进入肺泡引发肺水肿，甚至诱发呼吸道疾病。10 日龄以下的雏鸭太小，不宜喷雾带鸭消毒。

（2）污染用具消毒 食槽、水槽、笼具等，能耐火的可用火焰消毒，不耐火的可用消毒剂洗刷后用清水冲洗，如 0.1% 新洁尔灭溶液或

0.2%~0.3%过氧乙酸溶液。

（3）粪便垫料消毒　混合粪便垫料定点堆积后，常用生物热发酵消毒或堆贮，能杀死一般病原微生物，但对芽孢无效，可用焚烧或灭菌剂消毒。

（4）土壤消毒　患病鸭的粪便常含有病原微生物，可污染地面、土壤，因此，应对地面、土壤进行消毒，以防疫病继续发生和蔓延。消毒土壤表面可用漂白粉、氢氧化钠。

（5）场区道路消毒　彻底打扫后，用消毒剂全面喷洒消毒。消毒剂可选用过氧乙酸、氢氧化钠溶液、百毒杀等。

（6）场区入口消毒　可设与大门同宽的消毒池，长度在4米以上，或按进出车辆车轮2个周长以上；深30厘米以上，池内消毒液可用3%~5%氢氧化钠溶液、复合酚制剂。一般每周更换3次。

（7）运输车辆消毒　先清洁打扫，再用高压水枪冲洗，待干燥后再喷洒化学消毒剂，如过氧乙酸、百毒杀、漂白粉、菌毒敌等。

（8）运动场消毒　彻底清扫粪便、羽毛及其他污物后，水泥等硬化地面可以用高压水冲洗，然后喷洒消毒剂。

3. 控制和消除空气中的气溶胶

鸭舍湿度过大，灰尘及微生物来源多，空气流动慢，无紫外线照射，都为微生物的生存创造了条件。鸭舍空气中1克灰尘中含有20万~25万个大肠杆菌。在清扫卫生、饲喂、生产性操作及鸭骚动鸣叫时都可使空气中的灰尘和微生物含量大量增加。空气中的病原微生物吸附在灰尘和飞沫上，可致使鸭患病。

（1）鸭舍中灰尘和微生物的危害　呼吸道疾病的传染多由飞沫传播造成，如禽流感多是吸入带病毒的飞沫而感染。咳嗽、鸣叫和采食时均可喷出小液滴，其直径约10微米，液滴的大部分水分蒸发后，留下较小的滴核，其直径一般为1~2微米。滴核由喷液中的黏液素、蛋白质、盐类和微生物所组成，因而含有营养，且不易干燥，微生物可长期生存。滴核在空气中长期飘浮，经呼吸道进入鸭的支气管和肺泡，可导致鸭发病。因此，夏季喷雾降温时，最好加入一定量的消毒剂，以减少飞沫传染。鸭舍空气中的灰尘和微生物含量因饲养管理方式、密度、湿度和舍型等不同而不同。饲喂干粉料、持续照明、厚垫料、密集饲养、舍内过于干燥时，空气中的灰尘和微生物数量增多。采用水洗和空气消毒，对减少空气中的细菌效果良好，空气过滤对孵化也有良好作用。

（2）消除鸭舍中灰尘和微生物的措施　严格执行卫生防疫制度，改善饲养管理，如禁止干扫地面，不喂干粉料，可进行必要的空气滤过；改善鸭舍和场区的环境，在鸭场周围及其运动场种植树木、种草或栽花绿化，可大大地减少灰尘；保持空气湿润，防止舍内空气过于干燥；加强通风换气，实行全进全出的饲养制度，定期进行空气净化消毒，每周进行气雾消毒1~2次；加工饲料、取暖和清理卫生等各项活动时要尽量减少灰尘、烟尘等颗粒物的产生。

　【小经验】

　　鸭舍除尘方法包括机械除尘、湿式除尘、过滤式除尘和静电除尘等。

第十一章
开展经营分析，向管理要效益

第一节　鸭场经营管理的误区

一、经营管理决策误区

1. 经营方向不明确

在养殖前一定要明确经营方向，是专业化饲养还是综合性饲养？专业化饲养是指养某一鸭种的一个类型，如养肉鸭或商品蛋鸭；综合性饲养是指养某一鸭种的几个类型，如肉用种鸭场兼养肉用仔鸭。

2. 生产规模不经济

鸭场的生产规模取决于投资能力、饲养条件、技术力量、鸭苗来源及产品销售等方面的条件。但从经济效益来说，养鸭属薄利多销行业，因此，在养鸭生产上的规模效益较为明显，也就是说，只有形成批量生产才能有较大的饲养效益。目前，我国虽然有一批养鸭产业化龙头企业或大型养鸭集团，但养鸭业在较长一段时间内仍以分散的小规模生产为主。

3. 饲养方式不灵活

鸭场饲养方式必须按人力、物力和自然条件来决定，一个养鸭场是否采用机械化设备和机械化程度如何，取决于资金和劳动者的素质及工人工资的高低。一般来说，在较发达的地区借用资金比雇佣工人更为有利，因而宜多采用机械化设备；但在一些落后地区，能找到廉价的劳动力，且劳动力在闲置时可转行，而机械设备在闲置时必须同样支付折旧费，从这方面来说，用人力比用机械作业承担的风险小、投资也小。

4. 规章制度不健全或执行不到位

鸭场的生产管理是通过制定各种规章制度和方案，作为生产过程中管理的纲领或依据，使生产能够达到预定的指标和水平。如制定养鸭场兽医卫生防疫制度、养鸭技术操作规程、岗位责任制等。制定好各项规章制度及操作规程后，就必须严格按照其执行。规章制度不健全或执行不到位是目前散养户普遍存在的问题。

5. 财务管理不规范

鸭场的财务管理，首先要把账目记载清楚，做到账账相符、账物相符，日清月结。其次，要深入生产，实际了解生产过程，加强成本核算，通过不断的经济活动分析，找出生产及经营中存在的问题，研究并提出解决的方法和途径，不断提高经营管理水平，从而取得最好的经济效益。

二、生产计划制订误区

1. 总产计划与单产计划不详细

总产计划是养鸭场年度争取实现的商品总量，如一年养多少批肉鸭及全年饲养的肉鸭总数；单产计划是养鸭的"单位"产量，如每批商品肉鸭多少天出售，出售时每只肉鸭平均重是多少等。

2. 利润计划与饲养人员利益不紧密

鸭场的利润计划受到饲养规模、生产经营水平、饲料、鸭苗等各种费用的制约。各鸭场应根据自己的实际情况予以制订，要尽可能地将利润计划下发到各饲养人员，并与他们的经济效益挂钩，以确保利润的顺利实现。

3. 鸭群周转计划不严密

现代化养鸭业大多已实现专业化的流水作业生产方式，这种流水作业生产方式要求有高度严密的周转计划，依此来调节全场各个生产环节及本场和外场的关系，若在某一环节上周转失灵，则会打乱全场的生产。为了充分发挥现有鸭舍、设备、人力的作用，达到全年均衡生产，实现高产稳产的目的，就必须制订好全年的鸭群周转计划，并通过对内、对外签订合同的形式来保证其实现。

4. 饲料计划预留空间不大

饲料计划必须根据鸭场的经营规模及日常用量妥善安排，使全年饲料落到实处，并保证场内有半个月至1个月用量的饲料储存。

5. 产品销售计划不适宜

产品销售计划应结合本场生产能力制订月、季、年度的销售计划。

不了解行情，盲目生产，常常会发生供过于求的情况。要了解消费者的消费心理和消费习惯，掌握市场行情变化的规律，来安排生产计划和销售计划。饲养肉用仔鸭时更应注意这个问题。

【提示】

　　建鸭场前必须充分考虑饲养规模、饲养方式与本身经济、技术条件相适应，必须考虑产品种类及数量与市场需要及需求量相适应。鸭场经营是否成功，最终要以经济效益来衡量。这在很大程度上取决于鸭场经营管理的水平。

三、经营管理运行误区

1. 中型规模鸭场经营管理存在的问题

中型规模的鸭场一般是一户或数户合作的私营或股份制的鸭场，养殖规模大于一般个体养鸭户。

（1）场主和饲养人员对饲养技术了解甚少　他们未将技术在生产中的重要性认识清楚，结果造成贯彻的技术措施无针对性。

（2）技术人员不能独立行使技术职权　技术人员在场内只能是场主在技术上的参谋，结果造成生产问题出现后技术措施不能立即到位，不能有针对性地解决问题，从而使技术人员变成企业的摆设，不能行使技术职权。

（3）场主和技术人员钻研饲养经营管理技术的投入较少　场主和技术人员的体力劳动时间多于脑力劳动时间，大部分精力不是花在技术及管理上，而是花在日常事务的处理上。场主有事必亲到，件件事情要抓，造成抓不住重点；技术人员往往是和饲养人员一起劳动，无法有更多的时间花在了解全局上，不能有针对性地解决问题。

（4）场主和技术人员对生产实际及生产全过程缺乏了解　能掌握全局的场主一是不了解技术，二是没时间亲自下第一线去了解实际情况，对全局的了解多是听他人之说，实际情况如何却不知道；想对全局有所了解的技术人员，往往又无权去了解全局，对生产实际状况也了解甚少，因此，采取的技术措施针对性也不强。

（5）经营管理和技术管理间脱节　达到一定规模的家庭式养鸭场，往往按经营管理人员和技术管理人员两方面来安排人，造成搞经营管理的不懂技术，但有权管人；搞技术的不懂经营管理，虽有技术，但无权管人，结果造成饲养人员在技术上可以不听技术人员的话。

（6）**技术人员和财务人员接触很少**　两者接触机会少，有时会造成技术人员不按经济规律办事的现象。技术人员的积极性未充分调动起来，技术人员有为别人干活的想法，无与鸭场共生存的想法；技术人员整天忙于具体事项，真正忙于技术活的时间较少，平时没有专门的人员指导，对技术业务学习的积极性不高。

2. 小型家庭（个体）鸭场经营管理存在的问题

缺乏对养鸭生产全过程和鸭生活习性的系统了解，虽工作勤劳，起早摸黑，但对鸭的日常管理却不太动脑筋，不善于很好地观察鸭群，往往按饲养管理的规则机械地操作。生产无计划性，不考虑鸭舍的利用率，任意延长和缩短鸭群的生产时间。不太考虑环境对鸭生产性能的影响，人为地制造干扰因素，影响鸭群的生产性能。忽视卫生防疫工作，重治而不重防。采购鸭苗、设备、饲料等往往以价低为购买标准，加大了使用成本，而使总成本提高，反而造成经济损失。缺乏对市场经济的了解和直接参与的能力，大量利润转给了中间商，存在生产而不经销的小农生产意识。

第二节　鸭场经济效益分析

一、养鸭的成本分析

1. 固定成本

鸭场的固定资产包括各类鸭舍及饲养设备、孵化室及孵化设备、运输工具及生活设施等。固定资产的特点是使用年限长，以完整的实物形态参加多次生产过程，并可以保持其固有的物质形态，只是随着它们本身的损耗，其价值逐渐转移到鸭产品中，以折旧方式支付。这部分费用和土地租金、基建贷款、管理费用等组成鸭场的固定成本。

2. 可变成本

可变成本指用于原材料、消耗材料与工资之类的支出，随产量的变动而变动。可变成本的特点是参加一次生产过程就被消耗掉，如饲料、兽药、燃料、垫料、雏鸭等成本。

3. 常用成本项目

鸭场常用成本项目见表11-1。

表 11-1 鸭场常用成本项目

成本项目	项 目 解 释
鸭苗成本	购买种鸭苗或商品鸭苗的费用
饲料费	饲养过程中消耗的饲料费用，运杂费也列入其中
工资福利费	直接从事养鸭生产的饲养员、管理员的工资、奖金和福利费等费用
固定资产折旧费	鸭舍等固定资产基本折旧费。建筑物使用年限较长，15 年左右折清；专用机械设备使用年限较短，7 ~ 10 年折清。固定资产折旧分为两种：基本折旧[①]（固定资产的更新而增加的折旧）、大修折旧[②]（大修理而提取的折旧费）
燃料及动力费	用于养鸭生产、饲养过程中所消耗的燃料费、动力费、水费与电费等
防疫及药品费	用于鸭群预防、治疗等直接消耗的疫苗、药品费
管理费	场长、技术人员的工资及其他管理费用
固定资产维修费	固定资产的一切修理费
其他费用	不能直接列入上述各项费用的列入其他费用内

① 每年基本折旧额 =（固定资产原值 - 残值 + 清理费用）÷使用年限。
② 每年大修理折旧额 =（使用年限内大修理次数 × 每次大修理费用）÷使用年限。

【提示】
　　生产成本是衡量生产活动最重要的经济尺度。鸭场的生产成本反映了生产设备的利用程度、劳动组织的合理性、饲养技术状况、鸭生产性能潜力的发挥程度，并反映了鸭场的经营管理水平。

二、养鸭的利润分析

1. 利润额

　　利润额是指鸭场利润的绝对数量。计算公式为：利润额 = 销售收入 - 生产成本 - 销售费用 - 税金。

　　因各饲养场规模不同，因此不能只看利润的大小，而要对利润率进行比较，从而评价鸭场的经济效益。

2. 利润率

　　利润率是指将利润与成本、产值、资金对比，从不同的角度相对说明利润的高低。

$$资金利润率(\%) = \frac{年利润总额}{年平均占用资金总额} \times 100$$

$$产值利润率(\%) = \frac{年利润总额}{年产值总额} \times 100$$

$$成本利润率(\%) = \frac{年利润总额}{年成本总额} \times 100$$

【提示】

　　养殖户一般不计生产人员的工资、资金和折旧，除本即利，即当年总收入减去生产费用后剩下的便是利润，实际上这是不完全的成本、利润核算。

第三节　影响鸭场利润的因素

一、出售产品总量与饲料转化比

　　假如饲料价格和主产品（如种蛋、鲜蛋、肉用仔鸭等）出售价格一定，出售数量越大，收入越多，而饲料转化比值越小，所花饲料费用越小，二者之差越大，即收益越大。但蛋鸭或种鸭的产蛋随饲养期延长，产蛋率降低，其饲料转化比值变大。肉鸭出栏体重越大，出售日龄越迟，饲料转化比值也越大。因此，肉鸭或蛋鸭收益均不能随饲养期延长而增大。在实际生产中，除确定好鸭群最佳出售日期、降低全程饲料转化比值外，还要先提高鸭群的单产水平，再根据鸭群不同品种和不同饲养阶段制定最佳饲料配方，确保鸭群所需各种营养物质充足，并使饲料价格相对降低，以实现最大的饲养经济效益。

【小经验】

　　要广开饲料资源，降低饲料成本，减少饲喂过程中的抛撒现象，严防饲料发霉变质及被鼠、雀偷吃。

二、出售价格与出售时间

　　影响养鸭生产收益最根本的原因是商品的社会价值、社会必要劳动时间、市场供求情况，而这些都不是生产者个人所能决定的，生产者可以决定的是产品出售时间。出售时间不同，价格有很大差异，对生产者

的收益影响很大。如临近春节等传统节日，市场对鸭肉的需求量增大，经营鸭产品的单位增多。家庭养鸭场应根据市场上的这种规律性变化，结合本场生产能力，安排好生产计划和销售计划。

三、成活率与产品质量

养鸭的成败与鸭的成活率有很大关系，规模越大的鸭场，减少死淘率就越重要。此外，成活率高的鸭群发育正常，产品质量也相应提高。当然，产品质量还包括生产管理、产品储运等环节。

四、饲料成本

养鸭生产成本中，饲料费用所占比例较大，占总成本的60%～70%。在当前饲料涨价情况下，如何减少饲料浪费、节约饲料开支、降低饲料成本、提高经济效益，是养鸭业主关注的焦点。生产中可以通过选择品种优良的鸭、使用全价饲料、加强饲养管理、减少饲料浪费等途径来实现。

第四节　鸭场经营分析方法

开展生产经营成本评价分析最为常见的方法有4种：一是对比分析法，是把同性质的2种或2种以上的经济指标做合理的对比，找出差距，以发现经营管理中的问题，并分析造成差距和出现问题的原因，最终提出切实可行的消除差距和解决问题的方法；二是逐步详细法，是按各种不同标准来分析综合指标，从而逐步详细解剖；三是因素分析法，是对组成某一复杂综合指标的各个因素顺序进行分析，当分析某一因素时，把其他因素的影响暂时排除，给予抽象化，而只分析因素在数量上的增减变化情况；四是线性平衡点分析法，是运用平衡原理分析具有平衡关系的指标间的依存关系，测定各项因素对指标变动的影响程度的一种方法。生产实践中常用的方法是线性平衡点分析法和因素分析法。

一、线性平衡点分析法

线性平衡点分析法是一种研究销售收入（或销售量）、成本与利润三者关系的一种决策分析方法，又称量本利分析法。通过绘制盈亏平衡图可以直观反映出产销量、成本和盈利之间的关系（图11-1）。

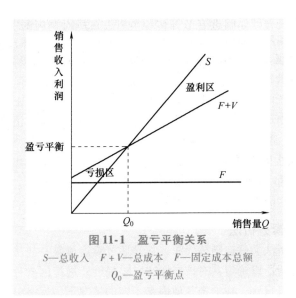

图 11-1　盈亏平衡关系

S—总收入　$F+V$—总成本　F—固定成本总额

Q_0—盈亏平衡点

1. 固定成本、可变成本和产品单价

生产总成本分为固定成本和可变成本。固定成本是指产品产量或业务量在一定幅度内变动时，并不随之增减变动而保持相对稳定的那部分成本，如鸭场人员工资、固定资产折旧费、修理费、办公费等。可变成本是指其总额随着业务量成正比例变动的那部分成本，如饲料、医药费、水电费等。产品单价则由单位产品的生产成本、流通费用、目标利润和税金构成。

2. 保本产量的计算

销售收入线与生产总成本线相交于一点，即盈亏平衡点，此时销售量即产量，在此点销售收入等于生产总成本。计算公式：保本产量 = 固定成本/（产品单价 – 单位产品可变成本）。

3. 目标利润与产品量的确定

目标利润是制订生产计划和销售计划时所确定的，经过努力后应该实现的预期盈利额。计算公式：产品量 =（固定成本 + 目标利润）/（产品单价 – 单位产品可变成本）。

4. 提高目标利润的途径

（1）提高产品价格　产品价格影响销售，一般情况下，同样的产品，降低价格可提高销售竞争力；相反则降低销售竞争力，使产品销售不出去。要想提高产品价格，还要提高销售竞争力，并更新产品或提高产品质量，如生态养殖、有机鸭肉及鸭蛋、保健鸭等。

（2）降低单位可变成本　通过降低单位可变成本来提高目标利润，主要包括技术措施和管理手段两个方面。技术措施主要有科学饲养管理、提高生产性能和成活率、减少药物使用等；管理手段主要有降低饲料成本，控制环境，减少人员开支，提高生产效率，及时清理债务，加快资金周转，减少各种浪费等。

（3）减少固定成本　主要途径是将不需要的固定资产出售或租赁出去。在满负荷生产情况下，一般无固定资产可出售或租赁，只能通过提高产品价格，降低单位可变成本来实现。

二、因素分析法

因素分析法又称连锁替代法，它是通过对组成某一经济指标的各个因素进行分析，以确定其对该指标的影响程度。进行因素分析，首先要将各因素进行排序，在给定其他因素不变的情况下，逐一分析每个因素变化对总体的影响程度，接着采用逐个替代方法，直至将各因素都分析完，最后分析比较各个因素，从中找出影响总体的主要因素、次要因素，为经济活动提供决策依据。利用因素分析法，一方面可以全面分析各个因素对鸭场经营的影响，另一方面也可以单独寻求某一个因素对鸭场经营的影响。

第五节　提高经济效益的主要途径

一、做好准备工作

决定养鸭前要做好准备工作，有些养殖户没做好必要的准备工作，就盲目购回大批雏鸭，往往因缺料、缺钱、饲养困难，导致雏鸭大量死亡。

二、降低饲料成本

养鸭生产中，饲料成本约占总成本的70%，必须选择质优价廉，营养均衡、全面的配合饲料，才能达到预期的生产性能。同时，饲料浪费占饲料总用量的3%~5%，因此，减少饲料浪费必不可少。降低饲料成本的途径：合理设计饲料配方，在保证鸭营养需要的前提下，尽量降低饲料价格；控制原料价格，最好采用当地盛产的原料，少用高价原料；周密制订饲料计划，减少积压浪费；加强饲养管理，提高饲料转化率。

三、选择优良品种

优良的品种是降低鸭生产成本、提高养殖效益的关键。目前市场上主要推广的优良蛋鸭品种有绍兴鸭、金定鸭、山麻鸭、江南一号、江南二号、青壳1号、青壳2号等，肉鸭品种有北京鸭、樱桃谷鸭等。不同品种的鸭生产性能不同，有的鸭产蛋量高，有的鸭产肉量高。在养鸭生产过程中要根据本地的地理和气候条件，以及生产目标选择合适的品种进行养殖。

四、加强卫生防疫

加强卫生消毒，鸭舍粪便经常清扫，保持地面清洁干燥，料槽要勤洗勤消毒，鸭舍周边水沟经常清扫消毒。严格按照免疫程序进行疫苗免疫，定期对鸭的抗体水平进行监测，平时注意观察鸭群，对病鸭及时隔离，对死鸭及时解剖诊断，及时对症下药治疗，降低鸭群的发病率和死亡率。

五、减少燃料动力费

燃料动力费占生产成本的第3位，鸭场的燃料动力费主要集中在育雏舍和孵化室。减少此项开支的措施有：育雏舍供温采用烟道加温，可大大降低鸭场的电费；在选择孵化机时，选择耗电量低的；加强全场用电的管理，按规定照明的时间给予光照，加强全场灯光管理，消灭"长明灯"。

六、科学饲养与管理

提高育雏成活率是盈利的基础，可通过选择优质的鸭苗、良好的饲养管理水平及科学防疫等来实现。使用优质全价饲料，饲料要根据鸭不同阶段的营养需要科学配制或购买使用，并要保证饲料质量，无霉变，营养平衡，易消化。提供适宜的环境，如适宜的温度、光照、湿度、通风、饲养密度等。

七、节省药物费用

鸭场防疫要坚持"预防为主、防重于治"的方针。进雏鸭时，要了解该父母代种鸭场的防疫情况，是否带有某种传染病；做好鸭场净化工

作，患病鸭应及时隔离、淘汰。对鸭群投药，宜采用以下原则：可投可不投的，不投；剂量可大可小的，投小剂量；用国产药与进口药均可的，用国产药；用高价药、低价药均可的，用低价药。

八、搞好产品深加工

产品深加工能够增加产品品种，延长产品保存期，提高产品附加值，有利于扩大产品销售量，提高经济效益。深加工还可以提高鸭初级产品利用率，充分挖掘鸭蛋或鸭肉的经济价值。

九、把好市场脉搏

目前，我国鸭业生产、加工、销售、流通、消费等信息体系尚未形成，农户和小规模生产者获得信息的渠道十分有限，难以准确判断评估市场的供求关系、风险、生产成本和收益，往往造成盲目生产、销售困难重重、经济损失惨重。因此，广大养殖户要善于运用互联网等有效手段，及时掌握国内外鸭产品的供求关系、价格变动趋势、产品品质要求、相关产业动态，以科学制订生产计划，避免盲目生产造成损失。

十、成立养殖合作社

各地可根据当地情况，成立鸭养殖合作社或加入已有的养殖合作社，或采取"公司＋基地＋农户"的生产模式。

1. 办理养殖专业合作社的程序

1）到农民专业合作社所在地的工商所申请核准合作社的名称。

2）到畜牧局办理动物防疫合格证。

3）到工商所提交材料办理执照。

2. 到工商所办理养殖农民专业合作社所需材料

1）农民专业合作社设立登记申请书（成员最低 5 人以上，其中农民成员需达 80% 以上）。

2）全体设立人签名、盖章的设立大会纪要。

3）所有理事、监事的任职文件（全体设立人签名，如果设立大会纪要中已含有任职说明则无须此文件）。

4）全体设立人签名、盖章的农民专业合作社章程。

5）法定代表人身份证明。

6）全体出资成员签名、盖章的出资清单。

7）法定代表人签署的成员名册。

8）全部成员身份证明：身份证复印件及户口本复印件（农民身份证明——户口本上标注农业家庭户；户口本上个人职业标注农民或由村里提供证明）。

9）住所使用证明。

10）指定代表或者委托代理人的证明（必须由全体设立人签名）。

11）名称预先核准通知书。

12）动物防疫合格证。

【提示】

凡复印件需标明"此件由本人提供，与原件一致"并签名；在农民专业合作社办理执照过程中需有一次成员全体到场。详细情况可参阅《中华人民共和国农民专业合作社法》。

第十二章
养殖典型实例

第一节　生态养殖模式实例

一、稻鸭共作模式

据报道（2019 年），四川省原子能研究院、江油市大堰镇农业服务中心吴茂力、刘明海等，在江油市通过实施稻鸭共作模式，打造了"生态米""生态鸭"地方农业品牌，创造了良好的经济、社会和生态效益。其技术要点如下：

1. 选择产地和水稻品种

产地选择土地集中连片，水源有保障，排灌通畅，土壤肥沃，生态环境优良的区块。水稻品种宜选择优质高产、株高适中、抗逆性好的品种，如川优6203。

2. 培育健壮秧苗

播前晒种并用生石灰水浸种，杂交稻用种量为 1 千克/亩（1 亩 ≈ 667 米²）。3 月底至 4 月 10 日播种，秧龄 40 ~ 45 天，叶龄 6.5 叶。采取地膜湿润育秧，选择排灌良好、背风向阳、土质松软、肥力较高的田块作为秧田，施足底肥，提前半天做好秧厢。秧厢要抹平、不渍水，厢面积一层薄泥，均匀播种，落谷宜稀。苗期注意通风透光，出苗后膜内温度维持在25℃左右，3 叶期后揭膜，昼夜炼苗，遇寒潮时要盖膜保温。苗期浅水层管理，促进分蘖。

3. 鸭种选择与炼鸭

鸭种宜选用露宿能力强、成活率高、食量较小的小中型个体品种，如麻鸭、本地花斑鸭等。在水稻浸种时入孵，按每亩放鸭 10 只向孵化单位预定。调教雏鸭下水，锻炼放鸭，开始 1 ~ 5 天，可在室外铺 1 张四边垫高的塑料布，中间倒上清水，水深 2 厘米左右，水倒好后让太阳晒一会儿，待水温上升后，把鸭放进去。饲养 4 ~ 5 天，然后将雏鸭放至稻田饲养。

4. 稻田肥水管理

（1）**前期管理** 移栽前 2 ~ 3 天放水打田，进行机械旋耕，糊好田埂，做到泥水不露田、表层有泥浆。移栽前 3 ~ 5 天施肥用药。

（2）**后期管理** 鸭在稻田觅食活动期间，田面保持浅水层，使鸭脚能踩到水层。排水沟内始终保持 10 ~ 15 厘米深的水层，或在补饲棚田边挖面积为 4 米^2 的水坑，深度以 0.5 米为宜，供鸭洗澡。鸭出稻田后，采取湿润灌溉方法，以增强稻根活力，防止稻株发生倒伏。需要晒田时，可将鸭子赶到田边的河、塘内过渡 3 ~ 4 天。

5. 鸭的放养与管理

5 月下旬至 6 月上旬，雏鸭 10 ~ 12 日龄时，秧苗移栽后 7 ~ 10 天，每 1340 ~ 2000 米^2 用尼龙网围栏，趁晴天按每亩放 15 只的规格将鸭放养至稻田。放养后，以塑料硬网作为栅栏或利用放养田四周的自然河、塘、墙等阻隔，防止鸭外逃或外敌伤害，严防老鼠、黄鼠狼、蛇、鹰等危害鸭群。田边空地上，建一个能避风雨和添喂饲料的棚舍，棚内地面用木棍、木板或竹板平铺，便于放置食盒、盛水容器和鸭只居住，棚顶用稻草或编织袋等遮盖，周围稍作围挡，确保通风透气。

酌情辅助人工补饲并建立条件反射，雏鸭进入稻田放养的最初 1 ~ 2 周，每天在傍晚需要补喂小麦、稻谷 1 次，弥补田间食物不足。随着鸭龄的增大，饲料量适当增加，每天每只鸭补料 50 ~ 75 克。为了培养雏鸭招之即来的习性，每次喂料时伴以呼唤、吹哨或敲击声，建立条件反射，以利于鸭群管理。7 月中旬，水稻开始灌浆时，将鸭群从稻田赶出，引入围棚内进行逐只捕捉。

6. 病虫草防控

水稻生产全程采取生物农药进行防治，不使用化学农药。

7. 收获与储藏

9 月上中旬，水稻 90% 谷粒变黄时晴天收割，与普通稻谷分收、分晒，晒场要干净平整，使用符合规定的包装袋，运输工具应清洁、干燥、有防雨设施。生产过程中，每只鸭制作包含品种、特性、生产、加工等信息的唯一编号、编码的脚环，水稻生产建立田间技术档案，全程系统记载，妥善保存，建立可追溯体系。

二、鱼鸭混养模式

据报道（2019 年），自 2013 年起，甘肃省靖远县渔业技术推广站在白银成泰农科开发有限公司养殖基地开展鱼鸭生态混合养殖技术试验，明显提升了养殖效益，表明鱼鸭生态混养技术模式适宜在西北当地推广。

1. 池塘与鸭舍选择

选择水源充足、水质良好、无污染、面积为 8 亩的池塘，作为麻鸭水上活动场所。池塘边种植茭白 8 亩，作为麻鸭的放牧地。鸭舍建在鱼池的南面，光照充足，四面开阔无遮挡，空气流通顺畅。

鸭舍前面用网片围起 1 米高的栅栏。鸭舍顶不漏水且能防潮，面积为 80 米^2，舍内配 100 个 40 厘米×40 厘米×40 厘米不漏水且能防潮的产蛋箱，放置在光线较暗的墙沿下，保持箱内垫料柔软，以减少鸭地面产蛋。为了防潮，鸭舍地面铺放一层稻草和茭白草（养殖户自己种植茭白）。舍内建有排水沟，沟上设有饮水器。鸭舍前建有 200 米^2 的活动场，活动场地面平整，略向池塘水面倾斜，并搭建适当面积的遮阳棚。

2. 麻鸭放养

鸭品种为麻鸭，2015 年从浙江金华市引进麻鸭 1.2 万只，此后每年 5 月自己孵化一批麻鸭供应当地市场，养殖的成鸭不定期出栏销售，现存栏麻鸭 300 只。

3. 鱼种投放

鱼种以大规格的杂食性鱼类为主，不放或少放草食性鱼类。鱼种投放前均用 4% 食盐水和 0.001% 漂白粉混合液浸浴 10 分钟。池塘投放 0.25 千克/尾的花鲢鱼种 800 尾、0.25 千克/尾的白鲢鱼种 100 尾和 0.25 千克/尾的鲤鱼鱼种 100 尾。

4. 池塘管理

每天坚持巡塘，观察鱼、鸭的摄食及活动情况。平时要勤加水换水，保持水质肥、活、嫩、爽，夏秋季节要防止鱼类缺氧浮头和泛塘现象。每天定时清扫鸭舍和活动场上的鸭粪，经堆积发酵成有机肥，视池塘水质肥瘦进行肥水，为滤食性鱼类培养饵料生物。

5. 鸭的饲养管理

养殖期间定期消毒鸭舍，加强产蛋期管理。鸭 5 月中下旬开始产蛋后，代谢旺盛，觅食勤，性情温顺，要求环境安静，因此，要缩短放牧时间，每天放鸭 2~3 次，每次 45~60 分钟。同时要提高饲料质量，确保营养全面和平衡，注意观察蛋重、产蛋率和体重的变化，发现异常及时解决。秋冬季重点做好防寒保温工作。舍内温度保持15℃以上，保持干燥，适当提高饲养密度，饮水拌料要用热水。早上推迟放鸭时间（10：30），傍晚及早赶鸭入舍（16：30），下水时间缩短到10分钟。池塘水面结冰后，每天将鸭赶到运动场上活动。鸭舍内装有日光灯管，每天光照持续时间14小时以上。

用玉米、黄芪、油渣、黄豆饼、酒糟等作为饲料原料，配制成混合饲料，投喂给麻鸭食用。池塘边有茭白田，定期在茭白田适量放牧麻鸭，提高鸭蛋产量，最终实现养殖种植相结合、鲜鱼鸭蛋鸭肉茭白多丰收的生态效果。

6. 病害综合防控技术

树立预防为主、无病先防、有病早治、防重于治的理念。放养前池塘应用生石灰（75千克/亩）彻底干塘消毒，并进行暴晒。鸭舍及运动场铺垫完好后将漂白粉溶于水全场泼洒一遍。鱼种投放前用食盐水浸泡消毒。幼鸭按照免疫程序及时注射疫苗，增强抗病力。用药科学、规范，不使用违禁鱼药。

第二节 标准化养殖模式实例

一、蛋鸭网上平养模式

农业农村部办公厅2019年农业主推技术。

1. 技术概况

蛋鸭离地养殖，就是将蛋鸭养殖从自然水面转移到陆地，利用人工提供饮水或完全旱养进行养殖，并逐步建立污水处理系统，避免养殖粪污对外河水质污染的养殖方式。目前主要的蛋鸭离地养殖模式有笼养技术和网养技术，网养主要有全旱养和半旱养两种模式。

2. 技术要点

（1）全旱养模式 适合于规模化养殖场。鸭舍安装配备塑胶网床、自动喂料和饮水系统、清粪和消毒系统、湿帘＋风机降温系统，实施封闭式网床平养技术，在栏舍内放置障碍性蛋窝，蛋窝呈长方形，四周高15厘米，窝内铺设10厘米厚草料。该模式不污染水环境，既节约了运动场地，又清洁了饲养环境，减少疫病传播与扩散的机会，死

亡率较传统养殖低。同时，能够降低饲料、人工成本，管理更方便、更省力。

（2）**半旱养模式**　适合中小养殖场。鸭场由栏舍、运动场、人工水池、牧草消纳地组成，其中栏舍、运动场均由网床组成。栏舍和运动场采取网上养殖。网孔径为 2.5 厘米，网架高度为 40 厘米。栏舍高度为 2.8~3 米。在栏舍内放置障碍性蛋窝，蛋窝呈长方形，四周高 15 厘米，窝内铺设 10 厘米厚草料，并保持整洁。游泳池呈四方形或者正方形，池壁由砖墙砌成，底部进行水泥防漏处理，与运动场相接，池深 40 厘米，冬季 3 天换水 1 次，夏天 1 天换水 1 次，人工水池中，每 1000 只蛋鸭一天约 5 吨排放水量，化学需氧量（COD）排放量为 900 毫克/升，氨氮排放量为 60 毫克/升，池水均可直接通过牧草消纳地解决。通过该技术可节省人工 70%、垫料 98%、兽药 90%。

运动场、栏舍网下鸭粪要利用不同饲养批次间的间隔期予以清理。一般运动场 2 批清理 1 次鸭粪，舍内亦 2 批清理 1 次。鸭粪运送至肥料加工厂加工有机肥，或者堆肥发酵后直接供给蔬菜水果等种植用。要积极利用运动场雨污水、游泳池废弃水种植黑麦草等牧草，补充蛋鸭营养需要，兼具节约成本作用。

二、肉鸭多层立体养殖模式

农业农村部办公厅 2019 年农业主推技术。

1. 技术要点

（1）**建造标准化棚舍**　多层立体养殖模式下的鸭舍建造尺寸因地制宜，可以根据建造选址处的地形灵活调整，同时要考虑舍内环境控制的需求。棚舍可建造成宽 14~17 米，长 90~100 米，檐高 3.2 米。棚舍建造可选择钢架结构，地圈梁，加强跺 6 米一个；棚顶，200 毫米×150 毫米 C 型钢梁，方钢支架；保温层选用彩钢瓦，聚氨酯喷顶保温隔热。

（2）**笼具的尺寸设计与选材**　根据棚舍宽度纵向排 5~7 列。单笼：①1 米×2 米×65 厘米；②前端为外挂料槽，前网高约 40 厘米；③后端用塑料网做栏网，高 40 厘米，用于出鸭；④笼底用拉塑钢线，铺设塑料网。笼组：H 型，上、中、下 3 层笼子为 1 组，总高约 2.2 米。材质：275 克镀锌板热镀锌主体框架、热镀锌前网/底网/隔网、PE 塑料垫网、原生料 PVC 肉鸭专用食槽等。

（3）**自动喂料、饮水技术**　安装自动喂料、饮水系统。料槽外挂于笼具，使用自动加料行车。饮水使用乳头式自动饮水器，水线从笼具中间穿过。

（4）**自动清粪技术**　安装自动清粪系统。每层笼子下设置粪污传送带。传粪带由电动机带动，可根据鸭日龄大小、排粪量多少定期启动传送带，将粪污传出舍外，集中及时处理。

（5）**环境控制技术**

1）安装通风和温控系统。鸭舍后端山墙面安装风机，风机约 1.4 米宽；纵向墙体鸭舍前端安装湿帘。纵向墙体上安装通风小窗和通风管。风机、湿帘、通风管和通风小窗配套使用用于舍内通风和降温。舍内升温则需要配备 50 万千卡暖风炉 1 个，纵向墙体上隔 6 米安装 1 个暖气片。

2）安装 IBS-IOT 物联网平台智能设备。通过在肉鸭养殖场棚舍内安装 IBS-IOT 物联网平台的各类环境控制器和温度、湿度、氨气浓度、二氧化碳浓度传感器等智能设备，自动地采集肉鸭每日的采食量、饮水量等生长指标数据，棚舍环境温度、湿度、光照、氨气浓度、通风量等传感器感应数据，并将这些数据自动汇集和上传到云端的水禽养殖基础数据库中。最后，通过大数据实时分析处理平台，对数据进行分析和处理，并将数据分析的结果以图表形式展现在手机端 IBS 云禽通 APP 和本地 PC 端上，供养殖户实时查看和控制。

2. 适宜区域

该技术可在肉鸭集中规模化养殖的区域推广应用，包括河北、山东、安徽、江苏等地。

【注意】

　　多层立体养殖模式下，单位面积养殖量大，舍内环境控制是关键。配套的通风及温度控制系统、自动清粪系统要根据实际情况进行设计安装。

三、肉鸭"上网下床"生态养殖模式

据报道（2017 年），山东省新泰市宏成畜禽养殖专业合作社实施"上网下床"养殖模式，"上网"即肉鸭上网，采用网上清洁化养殖；"下床"即网下为发酵床，采用稻壳垫料和微生物制剂作为发酵床体，肉鸭排泄粪便通过格网漏到发酵床上进行微生态发酵处理。

1. 模式内容

该养殖场建在远离村庄的农田之间。新建的鸭舍架上塑料网，网距地面 70 ~ 90 厘米，场内地面堆摊稻壳垫料，均匀平摊，堆层厚度在 60 厘米左右。肉鸭出栏后，栏内的稻壳垫料按照每 1000 米³ 使用菌种 50 ~ 60 千克的比例撒施菌种，定期对发酵床垫料进行翻耙，让鸭粪与稻壳、微生物充分混合。然后空栏，并对栏舍进行消毒，随后再上栏养殖一批肉鸭。重复 15 ~ 20 批后，发酵床上的垫料全部清理外运、堆沤，发酵成熟后的垫料可直接作为有机肥施用于养殖场周边农田。

2. 模式流程

肉鸭"上网下床"生态养殖模式流程如下：建设标准化鸭舍→鸭舍网下堆放厚度为 50 ~ 60 厘米稻壳→架设垫网→鸭舍密闭消毒→购进鸭苗养殖→商品肉鸭出栏→稻壳垫料上撒菌种→翻耙机翻耙→空栏及空栏期消毒→第二批上苗养殖→出栏销售→稻壳垫料上撒菌种→翻耙→以此循环养殖 15 ~ 20 批后，发酵床彻底清除室外堆沤 1 周，做备用有机肥。

3. 技术要点

(1) 核心技术

1）改变传统地面或普通网上养殖模式。将 60 厘米左右的垫料置于鸭的生活区，在垫料中添加一些特别的微生物，这些微生物把鸭的粪便及时分解成为菌体蛋白等无害物质，无须清扫与冲洗栏舍，能够节约部分用水、用料、用药等，显著改善饲养环境，无粪便与臭味排放，从而达到零排放、节约人工用水用料、提高经济效益的目的。

2）垫料中的菌种。该菌种由数十种协同培养的厌氧和好氧益生菌组成，具有在高渗环境中分解粪便碳源和生物脱氮的功能，该菌种不仅能够快速分解粪便转化成无害物质、消除臭味等，还可稳定垫料的碳氮比例，并能形成强大的益生菌环境，有效增强肉鸭的抗病力，减少发病，从而提高效益，使食品更安全，并且大幅度减少饲养环境的臭味、氨味等。

(2) 配套设备设施 肉鸭"上网下床"生态养殖模式只是比传统普通网养模式加高了垫网，网下垒砌砖墙用于堆放稻壳和鸭粪，每舍安装 2 台翻耙机，无须额外增加其他设备设施，比较节约成本。肉鸭"上网下床"生态养殖的鸭舍剖面图如图 12-1 所示。

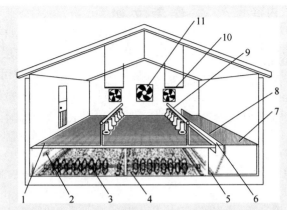

图 12-1 肉鸭"上网下床"生态养殖的鸭舍剖面图

1—垫网 2—自动喷雾补菌系统 3—电动翻耙机 4—垫料槽
5—排污沟 6—水浴槽 7—水浴槽与垫网 8—隔网
9—自动喂料装置 10—喷雾降温系统 11—循环抽风机

参 考 文 献

［1］张丁华，王艳丰. 肉鸭健康养殖与疾病防治宝典［M］. 北京：化学工业出版社，2016.

［2］张丁华，王艳丰. 蛋鸭健康养殖与疾病防治宝典［M］. 北京：化学工业出版社，2016.

［3］臧素敏. 规模化生态养鸭技术［M］. 北京：中国农业大学出版社. 2013.

［4］陈宗刚，孙国梅. 蛋鸭高效益养殖与产品加工技术［M］. 北京：科学技术文献出版社，2013.

［5］乔娟，潘春玲. 畜牧业经济管理学［M］. 2版. 北京：中国农业大学出版社，2010.

［6］边传周，乔宏兴. 养肉鸭关键技术招招鲜：常见养肉鸭疑难问题破解方案［M］. 郑州：中原农民出版社，2013.

［7］张春江，郭学荣. 肉鸭网上旱养育肥技术［M］. 北京：科学技术文献出版社，2012.

［8］刘健. 生态养鸭实用技术［M］. 郑州：河南科学技术出版社，2010.

［9］李慧芳，宋卫涛，贾雪波. 蛋鸭优良品种与高效养殖配套技术［M］. 北京：金盾出版社，2017.

［10］李丽立. 乡村生态养鸭实用技术［M］. 长沙：湖南科学技术出版社，2013.

［11］农业部农民科技教育培训中心. 现代养鸭产业技术［M］. 北京：中国农业大学出版社，2011.

［12］陈烈，等. 科学养鸭指南［M］. 北京：金盾出版社，2009.

［13］徐向前. 鸭场的经营管理［J］. 水禽世界，2013（6）：49-50.

［14］畜禽舍内有害气体危害及控制措施［J］. 北方牧业，2016（13）：30.

［15］侯水生. 2018年度水禽产业发展现状、未来发展趋势与建议［J］. 中国畜牧杂志，2019，55（3）：124-128.

［16］黄艳群，韩瑞丽. 鸭鹅标准化生产［M］. 郑州：河南科学技术出版社，2012.

［17］吴茂力，董绍斌，刘明海，等. 江油市稻鸭共育关键技术及效益初探［J］. 中国稻米，2019，25（2）：89-90.

［18］孙永艳，贾旭龙，黑靖，等. 西北高原地区鱼鸭混养技术研究与应用［J］. 中国水产，2019（7）：67-68.

［19］徐胜林，刘琴. 肉鸭的"上网下床"生态养殖模式［J］. 中国畜牧，2017（14）：63-64.

［20］杨久仙，郭秀山，关文怡，等. 发酵床与普通垫料种鸭舍环境监测试验研究［J］. 家畜生态学报，2019，40（1）：46-49.